미스터 퐁
수학에
빠지다

지은이 송은영은 1964년 11월 서울에서 태어나 고려대학교 물리학과를 졸업하고, 동 대학원에서 원자핵물리학을 전공했다. 물리학을 공부하면서 얻은 가장 값진 선물은 바로 생각하는 힘으로, 지금까지 글을 써 오는 데에 든든한 밑천이 되고 있다.

미스터 퐁이라는 화자를 통해 독자들이 수학과 과학의 원리를 친근하게 접하고 쉽게 이해할 수 있도록 돕는『미스터 퐁 수학에 빠지다』와『미스터 퐁 과학에 빠지다』를 쓸 수 있었던 것 또한 그 덕분이라고 여긴다.

최신작으로는 세종대왕의 머릿속으로 들어가 훈민정음의 창제 과정을 논리적으로 풀어 보는『세종대왕의 생각실험실: 훈민정음』이 있으며, 뒤이어『장영실의 생각실험실』(해시계와 물시계)과『이순신의 생각실험실』(거북선)을 선보일 예정이다. 그 밖에 아인슈타인의 상대성 이론을 사고실험으로 펼쳐 보이는『아인슈타인의 생각실험실 1, 2』를 비롯하여,『블랙홀의 생각실험실』,『속담 속에 숨은 수학 1, 2, 3』등 여러 책을 집필했다.

제17회 한국과학기술도서상 저술 부문에서 과학기술처 장관상을 수상했다.

그린이 김수민은 SI그림책학교에서 그림을 공부했으며, 일러스트레이터, 종이컵 아티스트 등의 이름으로 활동하고 있다. 쓰고 그린 책으로『공감 한 컵 하실래요?』, 그린 책으로『트위터 + 페이스북 내 영어를 부탁해』등이 있다.

미스터 퐁 수학에 빠지다

2017년 8월 2일 초판 1쇄 발행 | 2022년 4월 29일 초판 5쇄 발행

지은이 송은영 **그린이** 김수민
펴낸곳 부키(주) **펴낸이** 박윤우 **등록일** 2012년 9월 27일 **등록번호** 제312-2012-000045호
주소 03785 서울 서대문구 신촌로3길 15 산성빌딩 6층
전화 02) 325-0846 **팩스** 02) 3141-4066 **홈페이지** www.bookie.co.kr **이메일** webmaster@bookie.co.kr
제작대행 올인피앤비 bobys1@nate.com

ISBN 978-89-6051-601-4 03410

이 도서의 국립중앙도서관 출판예정도서목록(CIP)은 서지정보유통지원시스템 홈페이지(http://seoji.nl.go.kr)와 국가자료공동목록시스템(http://www.nl.go.kr/kolisnet)에서 이용하실 수 있습니다.(CIP제어번호: CIP2017015802)

미스터 퐁 수학에 빠지다

앗! 요리에도 **수학**이?

송은영 지음 **김수민** 그림

부·키

머리말

수학은 창의적 아이디어가 주렁주렁 열리는 나무

수학은 과연 우리의 일상과 동떨어진 학문일까? 천만의 말씀이다. 수학은 우리 삶과 무관하기는커녕 삶을 살찌우는 소중한 학문이다. 이를 몸소 체득하면서 수학을 즐겁게 배울 수는 없을까? 이를 도와줄 도구를 필요로 하는 독자들을 위해 이제 『미스터 퐁 수학에 빠지다』를 선보인다.

『미스터 퐁 수학에 빠지다』는 형제 사이라고 할 수 있는 전편 『미스터 퐁 과학에 빠지다』처럼, 우리가 일상에서 마주할 수 있는 여러 상황을 9개 장으로 나누어 구성했다. 즉 집 안, 스포츠, 음식, 데이트, 영화관, 파티, 여행, 자연, 우주라는 9가지 친근한 환경이나 배경 속에서 흔히 겪을 수 있는 다양한 사례를 수학적으로 풀어 보았다.

각 장의 끝에는 '수학 지식 파고들기'와 '수학으로 요리하는 자연'이라는 코너를 마련해, 본문에서 깊게 다루지 못한 내용을 다시 들여다보고, 우리가 궁금해하던 자연의 비밀을 어떻게 수학으로 풀어내는지를 설명했다.

이 책에는 단 하나를 알아도 제대로 알아보자는 의도가 물씬 담겨 있다. 예를 들면, 욕실에 있는 화장지와 비누가 소모되는 속도를 살펴보면서 둘 사이에 어떤 차이가 있는지를 따져 보도록 했다. 이런 식으로 구성한 까닭은 수학 지식이 꼬리에 꼬리를 물면서 어떻게든 우리의 삶과 직간접적으로 연결돼 있기 때문이다. 그러니 한 가지 수학 지식을 제대로 알면 이것으로 응용할 수 있는 가지를 우리네 삶 곳곳으로 무진장 펼쳐 나갈 수 있게 된다. 이런 지식은 창의적 아이디어가 무궁무진하게 열매를 맺는 뿌리 깊은 나무가 되어 줄 것이다.

수학은 결코 우리의 삶에서 배제되어 있지 않다. 수학 없는 인류 문명은 존재할 수 없다. 이 책을 읽고 난 독자 여러분은 이런 사실을 뿌듯하게 느끼고 깨닫게 될 것이다. 이것이 이 책을 통해 얻는 큰 보람이길 바란다.

2017년 7월

일산에서 송은영

차 례

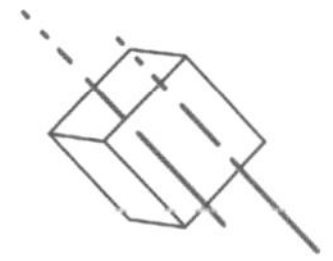

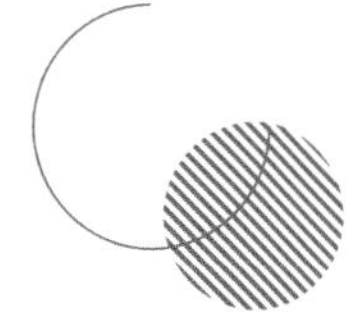

1장 —

미스터 퐁 집 안에도 수학이?

Question — 반쯤 사용한 화장지의 수명。

둘둘 말린 화장지의 단면, 즉 옆면은 원형이다. 원의 넓이는 원의 반지름과, 흔히 파이(π)라고 부르는 원주율 3.14를 곱해 구한다.

원의 넓이 = 3.14 × 반지름 × 반지름

여기서 보면, 원의 넓이는 원의 반지름의 제곱에 비례한다. 그래서 원의 반지름이 2배 늘면 면적은 4배 증가한다.

거꾸로 말하면, 반지름이 $\frac{1}{2}$로 줄면 면적은 $\frac{1}{4}$로 감소한다는 뜻이다. 화장지 두께가 얇아질수록 빠르게 줄어드는 것은 이 때문이다.

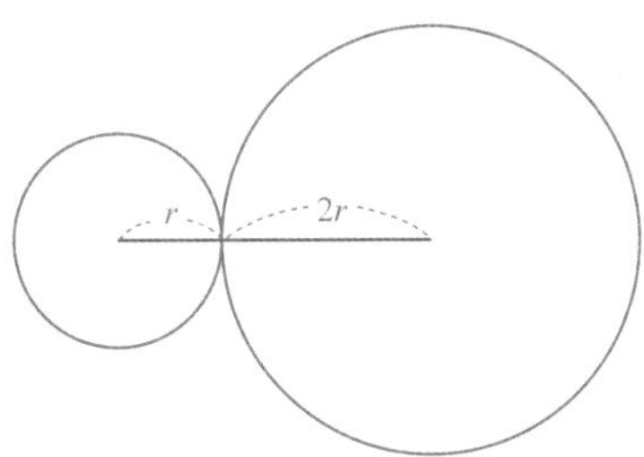

반지름은 2배 차이지만 넓이는 4배 차이다.

화장지는 일주일이 채 지나기 전에 다 소모된다.

Question — 반쯤 사용한 비누의 운명.

비누가 소모되는 속도는 화장지보다 더욱 극적이다. 그 이유는 반지름과 부피의 관계에 있다.

손이나 얼굴을 씻을 때 비누가 어떻게 소모되는지 생각해 보자. 화장지와 달리 비누는 단면이 아니라 부피로 줄어듦을 알 수 있다.

면적은 반지름의 제곱에 비례하지만, 부피는 반지름의 세제곱에 비례한다. 그래서 비누는 쓰면 쓸수록 더욱 극적으로 작아지는 것이다. 즉 비누가 처음에는 거의 줄지 않는 것처럼 보이지만, 절반 이상 사용한 다음부터는 줄어드는 속도가 엄청나게 빨라진다.

물론 화장지와 비누를 늘 같은 양만큼 소비한다는 가정이 있어야 한다. 화장지와 비누를 각각 절반가량 사용한 뒤, 화장지는 더 많이 소모하고 비누는 전혀 쓰지 않는다든가 하는 식으로 습관을 일부러 바꾸어 버리면 이런 수학적 풀이는 의미가 없어진다.

비누가 더 빨리 닳아 화장지보다 일찍 교체해야 한다.

Question — 밥을 꼭꼭 씹어 먹어야 하는 이유.

우리 몸속에서 음식물이 소화될 수 있는 것은 소화액 덕분이다. 예컨대 침샘에서는 침, 위샘에서는 위액, 간에서는 쓸개즙, 이자에서는 이자액, 장에서는 장액이라는 소화액이 분비된다. 이들 소화액이 음식물과 많이 접촉할수록 소화가 잘된다. 그러자면 음식물의 표면적이 더 넓을수록 유리하다.

음식물의 형태가 한 변이 2센티미터인 정육면체라고 해 보자. 이 정육면체의 한 면은 면적이 4제곱센티미터(2센티미터 × 2센티미터)인 정사각형이다. 따라서 음식물의 겉넓이는 24제곱센티미터다(4제곱센티미터 × 6).

이때 각 변을 절반씩 갈라 정육면체를 쪼개면, 한 변이 1센티미터인 정육면체 8개가 생긴다. 한 변이 1센티미터인 정육면체의 겉넓이는 6제곱센티미터고(1센티미터 × 1센티미터 × 6), 이것을 8개 합친 전체 겉넓이는 48제곱센티미터다.

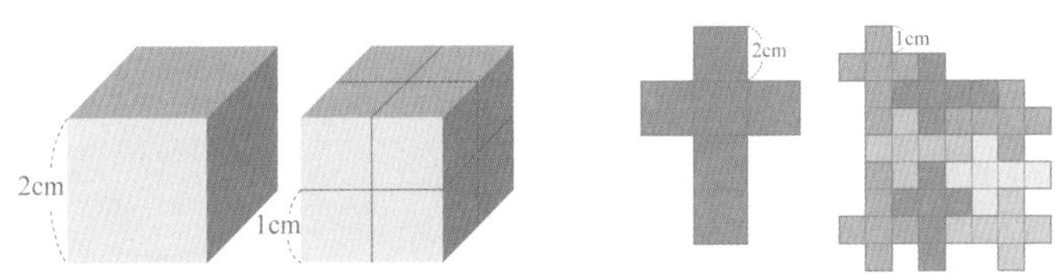

한 변이 2센티미터인 정육면체와 한 변이 1센티미터인 정육면체 8개의 겉넓이 비교

이렇듯 음식물을 꼭꼭 씹어 잘게 나눌수록 표면적이 증가해 소화액이 음식물을 더 잘 분해할 수 있게 된다.

음식을 잘게 쪼갤수록 전체 표면적이 늘기 때문이다.

Question — 똑같은 순서로 놓인 바둑 시합。

바둑은 중국 상고 시대부터 두었다고 한다. 현재 지구 인구는 70억 명 남짓이며, 고대에는 이보다 훨씬 적었다. 하지만 편의상 그때도 이만큼 살았고, 바둑은 5000년 전쯤 시작되었으며, 이제껏 모든 사람이 하루에 10판씩 바둑을 두었다고 가정하자. 70억 명이 두 사람씩 짝지어 지금까지 바둑을 둔 횟수는 이렇다.

> 70억 (명) ÷ 2 × 5000 (년) × 365 (일) × 10 (판)
> = 63,875,000,000,000,000

자그마치 6경이 넘는 횟수다.

바둑판에 바둑알을 놓는 점은 361개니 처음에는 361개의 점 중에서 한 곳을 선택할 수 있고, 그다음에는 360개 중에서 고른다. 이런 식으로 359개, 358개… 하면서 바둑이 펼쳐진다.

> 361 × 360 × 359 × 358 × 357 × 356 × 355 × ··· × 1

이 곱을 계산하면, 355까지만 해도 753,587,602,331,659,200으로 이미 6경을 훌쩍 넘는다. 그다음 수를 전부 곱하면 얼마나 어마어마한 수가 나올지 감이 잡히질 않을 정도다. 그러니 지금껏 똑같은 순서로 놓인 바둑 시합은 단 한 번도 없었다고 단언할 수 있다.

● 단 한 번도 없었다.

1 곱하기 0은 0임을 증명하라.

0 더하기 0은 0이다. 즉 $0 + 0 = 0$이다.

1 곱하기 0, 즉 1×0은 다음처럼 고쳐 쓸 수 있다.

$1 \times 0 = 1 \times (0 + 0)$

곱셈의 배분 법칙에 따라

$1 \times (0 + 0)$은 $(1 \times 0) + (1 \times 0)$이 된다.

즉, $1 \times (0 + 0) = (1 \times 0) + (1 \times 0)$인 것이다.

그래서 $1 \times 0 = (1 \times 0) + (1 \times 0)$이 된다.

위 등식에서 1×0이 좌변에 1개, 우변에 2개 있다.

우변의 1×0을 좌변으로 넘기면 식은 이렇게 변한다.

$(1 \times 0) - (1 \times 0) = (1 \times 0)$

좌변은 0이니, 결국 $1 \times 0 = 0$이 된다.

여기서 한 걸음 더 나아가, 1 대신에 어떤 정수를 넣어도 항상 0이 된다. 즉 어떤 수에 0을 곱한 값은 늘 0이 되는 것이다.

이것을 이렇게 표현할 수 있다.

> $A \times 0 = 0$, 여기서 A는 모든 정수

증명할 수 있다.

Question — 산타클로스는 선물을 나눠 줄 수 있을까。

산타클로스는 크리스마스가 오면 사슴이 끄는 썰매에 선물을 가득 담아 전 세계 아이들에게 나눠 주는 어린이의 천사다. 그러나 이건 어디까지나 동화와 문학 속 이야기일 뿐, 수학적으로 따져 보면 불가능한 일이다.

이야기대로라면, 산타클로스는 크리스마스 전날 세계 곳곳의 집을 방문해야 한다. 지구 한 바퀴는 4만 2000킬로미터 정도이므로, 이 거리를 하루 동안 질주하려면 시속 1750킬로미터로 달려야 한다. 오늘날 최첨단 여객기의 속도가 시속 800~900킬로미터쯤이다. 더구나 산타클로스가 썰매에서 내려 선물을 넣고 오는 시간까지 고려하면, 사슴은 여객기보다 몇 배 빨리 달려야 한다. 이제껏 여객기보다 빠른 사슴이 존재한다는 소리는 들어 본 적이 없다.

산타클로스의 배달이 불가능한 또 하나의 이유는 선물의 무게다. 어린이 한 명에게 줄 선물이 1킬로그램이라 하고, 전 세계 어린이가 최소로 잡아 1억 명이라 해도 산타클로스는 자그마치 1억 킬로그램의 무게를 썰매에 실어 날라야 한다. 사슴과 동물인 순록 한 마리가 끌 수 있는 무게는 200킬로그램을 넘지 않는다고 하니, 1억 킬로그램을 지고 하룻밤 사이에 선물을 나눠 주는 것은 불가능하다.

썰매의 속도와 선물의 무게 때문에 불가능하다.

Question — 신문지를 접어라.

신문지가 얇으니까 20번 접는 게 그다지 어려운 일이 아닐 거라 판단할 수도 있지만 실은 그렇지 않다.

신문지를 1번 접으면 두께는 2배, 2번 접으면 4배(2^2), 3번 접으면 8배(2^3), 4번 접으면 16배(2^4)가 된다. 따라서 10번 접으면 2의 10제곱인 1024배, 20번 접으면 2의 20제곱인 104만 8576배 두꺼워진다.

신문지 한 장의 두께를 0.05밀리미터라고 하자. 이것을 104만 8576배 하면, 0.05밀리미터 × 1048576 = 52428.8밀리미터가 된다. 1000밀리미터가 1미터이니, 52428.8밀리미터는 52.4288미터다. 이는 아파트 16층에 해당하는 높이다.

미스터 퐁의 조카가 엄마와 약속을 지키려면 무려 아파트 16층 높이만큼 두껍게 신문지를 접어야 한다는 얘기인데, 이것은 사람 손으로 해낼 수 없는 일이다.

신문지를 20번 접기는 불가능하다.

Question — 네발 식탁이 흔들리는 이유는。

두 점을 잇는 직선은 하나뿐이다. 마찬가지로 세 점을 직선으로 연결해서 이루어지는 도형 역시 단 하나의 삼각형뿐이다. 아무리 해도 다른 형태나 그 이상의 삼각형은 만들어지지 않는다. 이렇듯 세 발이 단 하나의 삼각형이라는 동일한 평면에 위치하면서 안정을 이룰 수 있어 탁자가 흔들리지 않는 것이다.

그렇다면 점이 4개인 경우는 어떤가? 세 점과는 달리, 그림 ①~④와 같은 삼각형과 ⑤와 같은 사각형 등 여러 도형이 만들어진다.

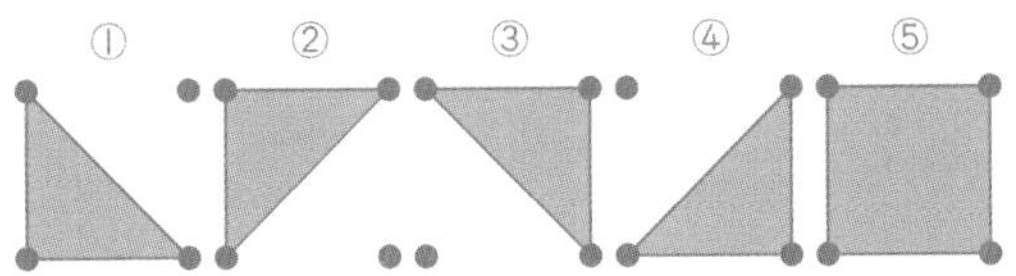

네 발을 직선으로 이으면 삼각형 4개와 사각형 1개가 나온다.

점은 4개인데 이를 전부 포함하지 못하는 삼각형이 존재한다는 것은 나머지 한 발이 동일 평면에 닿지 못하고 공중에 뜰 수도 있다는 얘기다. 이러면 식탁이 흔들리며 덜거덕거릴 수밖에 없다.

식탁의 네 발이 한 평면에 위치하지 않기 때문이다.

Question — 동전으로 태아 감별.

예언이 틀리면 복비를 돌려받으니 미스터 퐁에게는 별 손해가 없을 듯 보인다. 물론 이 복비를 누나가 출산할 때까지 은행에 넣어 둔다면 저절로 얻을 이자만큼은 손실을 입게 되지만 말이다.

그렇다면 점쟁이는 어떨까? 인구 구성을 볼 때 남녀 비율은 거의 동등하다. 남자아이와 여자아이의 탄생 확률이 $\frac{1}{2}$로 비슷하다는 얘기다. 통계청이 2016년에 발표한 「장래 인구 추계」에서도 드러나듯이, 1970년부터 2050년까지 우리나라의 남녀 성비는 비슷하다.

우리나라 남녀 인구의 변화

단위: 천 명, 여자 100명당 남자 수

	1970	1990	2010	2030	2050
총인구	32,241	42,869	49,554	52,941	49,433
남자	16,309	21,568	24,881	26,508	24,678
여자	15,932	21,301	24,673	26,434	24,755
성비	102.4	101.3	100.8	100.3	99.7

동전을 계속 던질수록 앞면과 뒷면이 나올 확률은 거의 같아진다. 이는 점쟁이가 성별을 맞힐 확률이 $\frac{1}{2}$에 근접한다는 뜻으로, 동전을 2번 던지면 적어도 1번은 맞힌다는 얘기다. 동전 던지기만으로도 찾아오는 두 사람 중 한 명꼴로 100만 원씩 버는 격으로, 손님이 200명이 되는 순간 1억 원을 번다. 그야말로 누워서 떡 먹기보다 쉽게 떼돈을 버는 셈이다.

예측 중 절반이 틀리더라도 손해를 보지 않고 돈을 많이 번다.

큰누나 딸의 대학 합격 여부를 알아보러 점집을 찾은 미스터 퐁

卍미녀보살

卍 초미녀보살

켁! 지난번 점집의 바로 옆집이었네.

제 조카가 ○○대에 원서를 내면 합격할까요?

앞면이 나오면 합격이고, 뒷면이면 불합격입니다. 참고로 복비는 100만 원입니다.

엥?? 여기도 100만 원이라고요??

앞면이 나왔으니 합격이네요. 하지만 점이 틀리면 복비를 돌려드리겠습니다.

흠… 지난번 점집과 이 집 중 어디가 돈을 더 많이 벌까?

보살

초미녀

출산의 경우 집에서 산파를 불러 낳든, 종합 병원에서 낳든 아들과 딸을 낳을 확률은 각각 $\frac{1}{2}$로 변하지 않는다. 그러나 입학시험은 사정이 다르다. 입학 정원과 경쟁률 때문이다.

정원에 미달되면 당락 확률은 의미가 없어진다. 원서를 낸 사람 모두 합격이기 때문이다. 동전의 앞면과 뒷면이 나올 확률이 각기 $\frac{1}{2}$이니, 이때는 불합격이라고 예측해 주었던 절반의 손님에게 복비를 돌려주게 된다. 고객이 10명이라면, 처음에 1000만 원을 받고 나서 500만 원을 돌려주어야 하니 결국 500만 원을 버는 셈이다. 다시 말해 2명에 1명꼴로 100만 원을 번다.

그렇다면 경쟁률이 높은 경우에는 어떨까? 예컨대 경쟁률이 5 대 1이고, 동전 던지기의 확률에 따라 10명의 손님 중 5명에게 합격을, 나머지 5명에게 불합격을 예견해 주면서 모두 합쳐 1000만 원을 받았다고 하자.

합격을 예측받은 손님 5명 중에서 경쟁률대로 정확히 1명이 합격했다면, 불합격자들에게 400만 원을 환불해 주게 된다. 그리고 불합격할 거라고 들은 손님 5명 중 합격자 1명에게 100만 원을 돌려준다. 결국 이번에도 500만 원을 번 것이다.

언뜻 보기에는 경쟁률에 따라 점쟁이의 수입이 들쑥날쑥할 것 같지만, 실제로는 경쟁률이 얼마이든 2번에 1번꼴로 100만 원을 번다는 것을 알 수 있다.

지난번 점집과 마찬가지로 2번에 1번꼴로 100만 원씩 번다.

수학 지식 파고들기 —

아르키메데스와 원주율.

아르키메데스

아르키메데스Archimedes, BC 287?~212?는 고대 그리스 최고의 과학자이며, 실질적인 최초의 물리학자로 인정받는 인물이다. 아르키메데스의 원리라 부르는 부력의 법칙을 비롯하여 지레의 원리, 도르래의 원리를 발견했는가 하면, 나선의 원리를 응용한 양수기를 고안하는 등 과학과 물리학의 발전에 지대한 공헌을 했다. 그런 그가 수학에도 적잖은 업적을 남겼는데, 그 대표적인 예가 원주율의 계산이다.

흔히 파이(π)라고 부르는 원주율은 아무리 나누어도 마지막 자리가 딱 떨어지지 않는 무리수다. 아르키메데스는 다음과 같은 방법으로 원주율 계산에 도전했다.

1. 원을 그린다.
2. 원의 외부를 정확히 감싸는 정사각형을 그린다.
3. 원의 내부에 꽉 들어차는 정사각형을 그린다.

이렇게 원과 두 정사각형을 그리면, 원의 넓이는 외부와 내부 정사각형 넓이의 사이 값이 된다. 아르키메데스는 이번에는 원의 내부와 외부에 정육각형을 그려 원과의 간격을 좁힌다. 여기서 무엇을 알 수 있을까? 그렇다. 변의 개수가 많은 정다각형을 원에 내접, 외접시킬수록 원과 벌어진 틈이 좁혀진다는 사실이다. 아르키메데스는 이런 식으로 정구십육각형까지 그려 나가면서 그 사이의 면적을 구했고 다음과 같은 결과를 얻었다.

원의 면적은 '$\frac{223}{71}$ × 반지름 × 반지름'과 '$\frac{22}{7}$ × 반지름 × 반지름'의 사이 값이다. ── ①

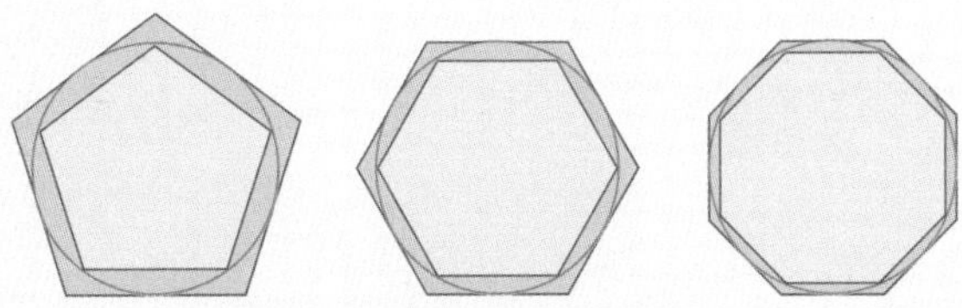

정오각형, 정육각형, 정팔각형과 같이 변의 개수가 많은 정다각형을 원에 내접, 외접시킬수록 원과 벌어진 틈이 좁혀진다.

그런데 원의 정확한 면적은 '원주율 곱하기 반지름의 제곱'이다.

따라서 아르키메데스가 얻은 결과(①)와 원의 면적 공식을 비교하면, 원주율은 $\frac{223}{71}$과 $\frac{22}{7}$ 사이의 값이어야 한다는 결론이 나온다.

$\frac{223}{71}$을 계산하면 3.140845….

$\frac{22}{7}$를 계산하면 3.142857….

그러므로 원주율은 3.140845…와 3.142857… 사이의 수다. 이것이 아르키메데스가 고안한 원주율 계산법이다.

1기압 계산하기.

기압이란 단어를 접할 때면 내가 중학생이었을 때의 일이 매번 떠오른다. 한 선생님이 어느 학생의 이름을 부르고는 물었다.

"고기압은 기압이 어떤 상태인가?"

이 물음에 학생은 바로 답했다.

"1013밀리바보다 높은 기압입니다."

그러자 선생님은 이번엔 저기압에 대해 물었고, 학생은 1013밀리바보다 낮은 기압이라고 자신 있게 대답했다. 이때까지만 해도 나 역시 1013밀리바를 고기압과 저기압을 나누는 기준으로 알고 있었다. 그러나 그렇지 않았다. 고기압은 주변보다 기압이 높은 상태, 저기압은 주변보다 기압이 낮은 상태이고, 1013밀리바는 그냥 1기압일 뿐이다. 이 사실을 알고는 얼굴이 화끈거렸다.

1기압이 1013밀리바라는 사실은 수학으로 어렵지 않게 풀어낼 수 있다. 갈릴레오Galileo Galilei, 1564~1642의 제자 토리첼리Evangelista Torricelli, 1608~1647가 수은이 담긴 유리관을 이용해 지구 대기압의 세기를 알아낸 이후, 1기압은 76센티미터 높이의 수은(Hg)이 내리누르는 힘으로 정의하고, 이를 '76수은주

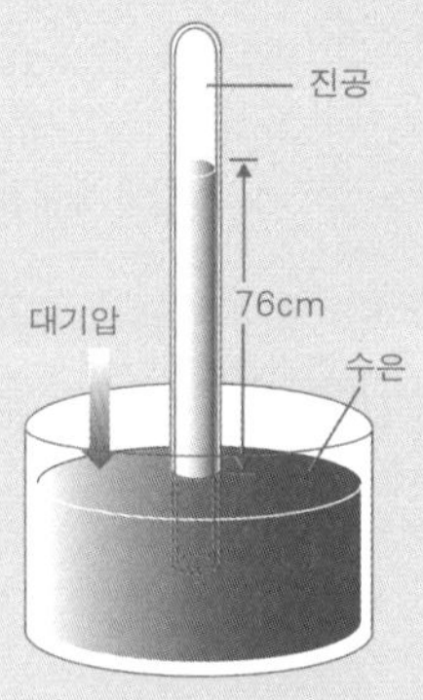

토리첼리의 수은 기압계

센티미터(cmHg)'라고 표현한다. 물체가 내리누르는 힘을 구하는 공식은 다음과 같다

물체가 내리누르는 힘 = 물체의 밀도 × 중력 가속도 × 높이

따라서 76센티미터 높이의 수은이 내리누르는 힘, 즉 1기압은 다음과 같다.

1기압 = 수은의 밀도 × 중력 가속도 × 76센티미터

이 식에 수은의 밀도($13.6g/cm^3$)와 중력 가속도($980cm/s^2$)를 대입하여 계산하면 다음 결과가 나온다.

$$1기압 = 13.6g/cm^3 \times 980cm/s^2 \times 76cm$$
$$= 1013 \times 10^3 dyn/cm^2 \ (단,\ dyn = g \cdot cm/s^2)$$

여기서 $10^3 dyn/cm^2$는 1밀리바(mb)이므로 1기압은 1013밀리바가 되고, '1기압 = 76cmHg = 760mmHg = 1013mb'라는 관계가 유도된다.

2장 —

미스터 퐁
올림픽을 향하여

Question — 키 자라기.

미스터 퐁의 키는 1미터에서 시작해 성장률이 낮아지기는 해도 매년 자란다. 미스터 퐁은 다음의 높이를 모두 더한 만큼 성장한다.

$$1 + \frac{1}{2} + \frac{1}{4} + \frac{1}{8} + \frac{1}{16} + \cdots$$

이 합은 언뜻 무한할 듯싶지만 실은 그렇지 않다. 이 덧셈에 나열된 수들을 유심히 들여다보면 한 가지 규칙이 숨어 있다는 것을 알 수 있다. 즉, 각 수는 그 앞의 수에 $\frac{1}{2}$을 곱한 값이다. 이렇게 일정한 수를 계속 곱한 값이 나열되는 것을 '등비수열', 이 값들을 더하기 기호인 '+'로 차례로 연결한 것을 '등비급수'라고 한다. 그리고 무한히 계속되는 등비급수를 '무한 등비급수'라고 부른다.

각 수에 곱해지는 수의 절댓값이 1보다 작은 경우, 무한 등비급수는 이렇게 구한다.

$$\text{무한 등비급수} = \frac{\text{첫 번째 수}}{1 - \text{곱해지는 수}}$$

이 급수의 첫 번째 숫자는 1, 곱해지는 수는 $\frac{1}{2}$이다. 따라서 위의 공식에 이를 대입하면, 미스터 퐁의 키는 '$\frac{1}{1-\frac{1}{2}} = 2$'가 된다. 아무리 오래 살아도 2미터를 절대 넘지 못한다는 뜻이다. 2미터가 작은 키는 아니지만, 이보다 더 큰 사람도 간혹 있다.

미스터 퐁보다 키가 큰 사람이 존재한다.

Question — 키 꿈꾸기。

미스터 퐁의 친구는 매년 다음처럼 자란다.

$$1 + \frac{1}{2} + \frac{1}{3} + \frac{1}{4} + \frac{1}{5} + \frac{1}{6} + \frac{1}{7} + \frac{1}{8} + \cdots \quad \text{——} ①$$

이 식을 괄호로 묶어 보자.

$$1 + \frac{1}{2} + (\frac{1}{3} + \frac{1}{4}) + (\frac{1}{5} + \frac{1}{6} + \frac{1}{7} + \frac{1}{8}) + \cdots$$

$\frac{1}{3}$은 $\frac{1}{4}$보다 크고, $\frac{1}{5}$과 $\frac{1}{6}$과 $\frac{1}{7}$은 $\frac{1}{8}$보다 크다. 이제 첫 번째 괄호에 들어 있는 수를 모두 $\frac{1}{4}$로, 두 번째 괄호에서는 $\frac{1}{8}$로 통일하자.

$$1 + \frac{1}{2} + (\frac{1}{4} + \frac{1}{4}) + (\frac{1}{8} + \frac{1}{8} + \frac{1}{8} + \frac{1}{8}) + \cdots$$
$$= 1 + \frac{1}{2} + \frac{1}{2} + \frac{1}{2} + \cdots \quad \text{——} ②$$

'$\frac{1}{2} + \frac{1}{2}$'은 1이므로, ②가 무한히 계속된다면 이렇게 된다.

$$1 + 1 + 1 + 1 + \cdots$$

1씩을 계속 더하면 무한한 값이 나온다. 즉 ②의 값은 무한대다. 그런데 친구가 바란 키는 ①로 ②보다 크다. ②가 무한대이니 ① 또한 무한대다. 따라서 미스터 퐁 친구보다 큰 사람은 없게 된다.

● 친구는 세상에서 가장 큰 사람이 된다.

Question — 자세를 낮춰라.

무게 중심은 모양과 관계가 있다. 모양에 따라 무게가 어느 쪽으로 쏠리는지가 결정된다. 위쪽이 크면 무게 중심도 위쪽에, 아래쪽이 두툼하면 무게 중심도 아래쪽에 놓인다.

예를 들어 상체와 하체가 골고루 발달한 사람은 무게 중심이 중간쯤이지만, 상체가 유독 발달한 사람은 무게 중심이 올라가고, 엉덩이와 허벅지에 살이 적잖이 붙은 사람은 무게 중심이 내려오게 된다.

유도 같은 격투기 경기를 시청하다 보면, 해설자가 자세를 낮추라고 누누이 강조한다. 이는 가능한 한 허리를 굽혀 무게 중심을 아래로 이동시키라는 얘기다. 무게 중심이 낮으면 그만큼 안정하게 되어 넘어질 위험이 줄어들기 때문이다.

무게 중심이 낮아질수록 더 안정해진다.

Question — 3미터와 3.0미터。

1미터 단위로 눈금이 나 있는 빨간색 자와, 10센티미터마다 눈금이 새겨진 파란색 자가 있다고 하자. 미스터 퐁처럼 정확히 3미터를 뛰었다면, 빨간 자로 재든 파란 자로 재든 문제가 되지 않는다.

그러나 문제는 3미터가 되지 않는 경우다. 예컨대 미스터 퐁이 2미터 90센티미터를 뛰었다면, 빨간 자로는 반올림해 3미터라 하거나 3미터에 조금 미치지 못한다고 기록할 수밖에 없지만, 파란 자로는 정확히 측정할 수 있다.

그러므로 '3.0미터'라는 값에는 $\frac{1}{10}$미터 단위까지 정밀히 잴 수 있다는 뜻이 담겨 있다. 만일 실제 멀리뛰기 기록이 2미터 97센티미터라면, $\frac{1}{100}$미터, 즉 1센티미터 단위로 눈금이 새겨진 자가 있어야 모호하지 않게 잴 수 있다.

3미터보다 3.0미터가 더 정밀한 수치다.

Question — 마라톤 코스를 재려면? (1)。

마라톤 코스의 길이는 42.195킬로미터(4만 2195미터)다. 우선 발걸음으로 재는 경우를 생각해 보자. 땅에 1미터를 긋고, 그 길이만큼 발걸음을 내디딘 후 똑같은 보폭으로 계속 걷는다. 이런 식으로 4만 2195걸음을 걸으면 마라톤 코스를 정할 수 있다. 그러나 문제는 매 걸음을 정확히 1미터씩 내디딜 수 없다는 데 있다. 인간은 로봇이 아니어서 걸음걸이 폭이 일정할 수 없다. 한 걸음에 1센티미터씩만 어긋나도 4만 2195센티미터(421.95미터)의 오차가 생긴다. 이는 거의 0.5킬로미터에 해당한다. 한 걸음의 오차가 2센티미터면 1킬로미터, 10센티미터면 무려 5킬로미터의 거리 차가 난다는 말이다. 이런 정밀도로 거리를 잴 수는 없다.

다음은 양팔을 벌린 폭을 생각해 보자. 4만 번 안팎으로 땅바닥에 팔을 벌려 거리를 측정한다고 상상해 보라. 아마 어깻죽지가 남아나지 않을 것이다. 이런 육체적 고통 탓에 이 방법은 발걸음보다 더 큰 오차가 생길 여지가 크다.

마지막으로 30센티미터 막대자로 끈기 있게 4만 2195미터를 재 나가는 경우다. 이런 식으로 거리를 측정하려면 막대자를 14만 650번 (42195 ÷ 0.3) 땅에 붙였다 떼야 하는데 허리 통증은 둘째로 치더라도 어느 세월에 끝마칠 수 있을지 상상만 해도 아찔하다.

정확하지 않거나 시간이 너무 오래 걸리므로 모두 코스 측정에 이용할 수 없다.

Question — 마라톤 코스를 재려면? (2)

4만 2195미터짜리 막대자는 다른 문제는 다 제쳐 두더라도 무게 때문에 사용하기가 불가능하다. 수많은 사람이 들어야 하는 것도 골칫거리지만, 들고 가는 도중에 중간 부근이 부러질 가능성이 99퍼센트 이상일 것이다. 한편 4만 2195미터 줄자는 중간에 끊어질 우려는 없지만, 크기와 무게를 상상하면 이 또한 거리 측정 도구로 쓰기에 부적합하다.

그렇다면 굴렁쇠를 굴리는 방법은 어떨까? 굴렁쇠는 원형이다. 원둘레는 원이 한 바퀴 회전하며 지나간 거리와 같다. 이는 굴렁쇠의 둘레 길이를 알고 그 회전수를 세면 거리를 잴 수 있다는 뜻이다. 원둘레는 '지름 × 3.14'이니, 만약 굴렁쇠의 반지름이 16센티미터(0.16미터)라면 둘레가 1미터(0.32 × 3.14)가량이 된다. 따라서 이 굴렁쇠를 4만 2195번 굴리면 마라톤 코스 거리와 같아진다.

굴렁쇠를 굴리는 일이 힘들면 자동차를 이용하면 된다. 자동차 바퀴 반지름을 측정한 후 회전수를 곱해 거리를 알아내는 것이다. 자동차 주행 거리도 바로 이런 원리로 표시된다.

바퀴의 둘레 길이와 회전수를 이용하여 잰다.

Question — 승부를 예측하는 비법。

64개 팀이 참여하는 월드컵 야구 대회가 열린다고 하자. 이 중 A와 B팀의 경기 결과 예측을 전 세계 1억 명에게 메일로 보내면서 그중 절반에는 A가 승리, 나머지 절반에는 B가 승리할 거라 적는다. 시합 결과 A가 이겼다면 5000만 명은 그의 예측이 맞았다고 생각한다. 다음 32강전에서 A와 F팀이 맞붙는다면, 앞과 같은 방법으로 절반씩 승리 예측 메일을 보낸다. 어느 팀이 승리하더라도 2500만 명이 그의 예지력을 믿게 된다.

이런 식으로 반반씩 승리 팀을 예상하면 16강전에서는 1250만 명, 8강전에서는 625만 명, 준결승전인 4강전에서는 312만 5000명이 그의 능력에 감탄한다. 마침내 결승전이 끝나고 나면 이 중 절반인 156만 2500명이 그를 단 한 번도 틀리지 않고 우승팀을 맞힌 신통방통한 도사로 기억하게 되는 것이다.

수신자 절반씩에게 각각 A팀, B팀이 승리할 것이라는 메일을 보낸다.

Question

'천재일우'의 확률은 얼마?

축구 응원 중인 미스터 퐁
이번 월드컵에 출전하는 우리 국가 대표는 최고의 선수들로 구성돼 있습니다.

그렇죠. 대한민국이 월드컵에서 우승할 그야말로 절호의 기회라고 할 수 있죠.
맞습니다. 한마디로 천재일우의 기회인 셈이네요.
천재일우?

천재일우가 무슨 뜻이야?
천재일우?? 좀처럼 찾아오기 어려운 기회라는 뜻이잖아.

아니 그런 거 말고… 얼마만큼의 확률인지…
신경 쓰여서 집중이 안 돼…

천재일우千載一遇는 중국 동진東晉의 학자 원굉袁宏, 328~376이 남긴 글에 전해지는 사자성어다. 여기서 '재載'는 '연年'이란 뜻이다. 즉 천재일우는 천 년 만에 한 번 만날 수 있는, 좀처럼 찾아오기 어려운 기회라는 의미로 쓰인다.

그런데 '재載'를 숫자의 의미로 사용하면 이보다 훨씬 큰 수가 된다. 우리가 수를 말할 때 억 다음에 오는 단위로 조와 경과 해垓가 있고, 그다음 한참 너머에 극極이 있는데 그 바로 밑에 있는 단위가 재다. 18세기 이전까지 재는 10의 80제곱으로 사용했으나, 그 이후에는 10의 44제곱으로 쓰고 있다. 천이 10의 3제곱이고 재가 10의 44제곱이니, 이 둘을 곱한 천재千載는 10의 47제곱이라는 어마어마한 수가 된다.

현재 우리가 경험하는 최장의 시간은 우주의 나이인 137억 년으로, 초로 환산하면 4.32×10^{17}초에 해당한다. 그러니 10의 47제곱 번 중 한 번이라는 것은 우주가 사라지고 다시 태어나는 상황을 수도 없이 반복해야 겨우 만날까 말까 한 가능성이다. 천재일우의 기회가 바로 이런 확률인 것이다.

천 년에 한 번, 또는 10의 47제곱 번 중 한 번의 확률.

Question — 리그의 총 시합 횟수 (1).

리그전은 참여 팀들이 돌아가며 모든 팀과 한 번씩 싸우는 대회 방식으로, 가장 많은 승리를 거둔 팀이 우승 팀이 된다. 13개 팀 중 우리나라 대표팀은 나머지 12개 팀과 시합해야 하니 총 12번 경기를 치른다. 그리고 우리와 마찬가지인 팀들이 모두 13팀 있으니 총 시합 수는 156번(12 × 13)이 된다.

하지만 이것이 답은 아니다. 왜냐하면 중복되는 시합이 있기 때문이다. 예컨대 이 중에 미국 대표팀이 있다고 하자. 그러면 우리 대표팀 입장에서 계산한 '한국 대 미국 전'과 미국 팀 입장에서 계산한 '미국 대 한국 전'은 동일한 경기다. 따라서 위에서 계산한 156번에는 같은 시합이 두 번씩 포함되어 있는 셈이다. 그러므로 이 리그전의 전체 시합은 실제로 78경기(156 ÷ 2)가 된다.

78경기.

Question — 리그의 총 시합 횟수 (2)。

홈 앤드 어웨이home and away란 자기 동네와 상대팀 동네에서 한 번씩 번갈아 가며 경기를 치르는 방식이다. 그러니까 한국과 일본을 예로 들면, 한국에서 한일전을 한 번 치르고, 두 팀이 일본에서 다시 한 번 맞붙는 것이다.

그렇다면 20개 팀이 홈 앤드 어웨이로 시합을 벌이는 프리미어 리그의 경기 횟수는 어떻게 구할까? 한 팀은 나머지 19개 팀을 두 번씩 상대해야 하므로 38경기를 치르게 된다. 그러니 여기서 펼쳐지는 총 경기 수는 760번(38 × 20)이다. 하지만 지난번에 똑같은 경기들이 중복하여 계산되었던 것을 잊지 않았다면, 이번에도 이것을 2로 나누어 주어야 할 것이다. 그러니 실제 시합 횟수는 380번이 정답이다.

참고로, 참가팀 수를 N이라 할 때 리그전의 경기 횟수를 구하는 공식은 이렇다.

> 한곳에 모여 리그전을 펼치는 경우: $N(N-1) \div 2$
>
> 홈 앤드 어웨이 방식으로 리그전을 치르는 경우: $N(N-1)$

380경기.

수학 지식 파고들기 —

무게 중심。

무게 중심이란

지구에 머무는 한 누구도 중력을 피해 갈 수 없다. 지구 중력은 물체를 지표로 끌어내린다. 이때 중력에 안정한 물체와 불안정한 물체가 생기는데, 이를 역학적으로 '안정하다', '불안정하다'라고 한다. 여기서 '무게 중심'이 나온다. 무게 중심이란 어떤 물체가 가진 무게의 중심점으로, 이 무게 중심을 잘 찾아 그곳을 받쳐 주면 균형이 잡혀 쓰러지거나 넘어지지 않는다. 예컨대 막대자가 고르게 제작되었다면 무게 중심이 한가운데에 있지만, 그렇지 않고 왼쪽이 두툼하면 왼쪽, 오른쪽이 묵직하면 오른쪽에 무게 중심이 있게 된다.

잠자리 장난감의 무게 중심인 주둥이를 가만히 받쳐 들면 균형이 잡혀 역학적으로 '안정'해진다.

무게 중심과 질량 중심

우주 공간은 중력이 없는 무중력 공간이다. 무게는 중력과 관계가 있는데, 그렇다면 우주 공간에는 무게 중심이 없는 걸까? 물론 그렇지 않다. 우주에 있다고 무게 중심이 사라지는 일은 결코 없다. 이때는 무게 중심 대신 질량 중심을 쓴다. 질량은 물체의 고유한 양으로, 무게와 달리 우주 공간 어디서든 변하지 않는다. 이런 면에서 질량 중심이 무게 중심보다 더 포괄적이다. 다만 우리가 지구에 살다 보니 무게 중심이란 용어에 친숙할 뿐이다. 수학자와 물리학자들은 질량 중심이란 용어를 더 애용한다.

평균대와 외줄 타기

평균대에 올라간 체조 선수가 양팔을 좌우로 벌려 걷는 이유는 뭘까? 평균대 위에서는 중심 잡기가 어렵다. 곧게 나아갈 수 있으면 별 문제가 없겠으나, 그게 말처럼 쉽지 않아 흔들흔들 무게 중심이 시시각각 변하기 때문이다. 자칫 무게 중심이 한쪽으로 쏠리면 평균대에서 떨어지곤 한다. 그러니 몸이 왼쪽으로 기울면 그쪽으로 쏠린 무게를 상쇄하려고 본능적으로 오른팔을 추어올린다.

외줄을 타며 골짜기를 건너는 곡예사 역시 허리춤에 양손을 붙이지 않는다. 대신 양팔을 펼치는 것으로도 모자라 장대를 수평으로 들고 외줄을 탄다. 무거운 물체를 양 옆으로 길게 늘어뜨리면 흔들림에 대한 저항이 강해져 중심 잡기가 훨씬 수월해진다. 이를 "물체의 회전 관성이 커졌다"고 말한다. 즉 곡예사는 장대를 들어 회전 관성을 높이는 방식으로 양쪽 절벽 사이를 건너는 것이다.

양팔 저울과 타워 크레인

양팔 저울은 무게 중심을 이용해 무게를 잰다. 한쪽 접시에 물건을 올리고 다른 쪽 접시에 여러 가지 무게의 추를 조금씩 올린다. 물건 쪽 접시가 서서히 올라가다 저울 막대가 수평을 이루면 양쪽 무게가 동등해진 것이다. 이때 올려놓은 추의 무게를 모두 합한 것이 바

타워 크레인의 무게 중심을 맞추기 위해 짧은 팔 끝에 무거운 돌덩어리를 달아 놓았다.

로 물건의 무게다.

고층 빌딩을 건설할 때 설치되는 타워 크레인의 양팔 길이는 똑같지 않다. 건축 자재를 드는 팔은 길지만 그 반대쪽은 짧다. 이대로 두면 타워 크레인이 긴 팔 쪽으로 쓰러질 것이므로, 무게 중심을 맞추기 위해 짧은 팔에 돌이나 쇠를 매단다. 이와 마찬가지 원리가 시소에도 적용된다. 왼쪽에 몸집이 큰 사람이 앉으면 균형을 잡기 위해 가벼운 사람이 오른쪽으로 멀리 떨어져 앉아야 한다.

무게 중심과 물

물속에서 자유자재로 몸을 움직이는 수중 발레 선수들의 동작 속에도 무게 중심 원리가 숨어 있다. 차렷 자세로 곧게 서거나, 몸을 한껏 웅크리거나, 한 팔을 수평으로 벌릴 때마다 무게 중심은 수시로 변한다. 이런 식으로 몸을 적절히 변형시켜 뜨고 가라앉기를 구사한다. 그뿐 아니라 숨을 뱉고 들이켜 폐의 공기량을 조절하는 것으로도 깊이 잠수하거나 수면에 떠 있는다.

지구가 받는 태양 에너지 계산하기.

한반도는 적도와는 거리가 먼 북위 36.5도에 위치해 있다. 그런데도 뙤약볕이 쨍쨍 내리쬐는 한여름이 찾아오면 낮에는 작열하는 햇살로 맥을 못 추고 밤에는 열대야로 잠을 설치기 일쑤다. 그렇다면 대체 지구가 받는 태양열이 어느 정도일지 궁금해지지 않을 수 없다. 이를 수학으로 계산해 보자.

아래 그림과 같이, 지구 표면을 때리는 햇살의 양은 지구의 중심을 지나는 단면인 원 A를 통과하는 햇살의 양과 같을 것이다.

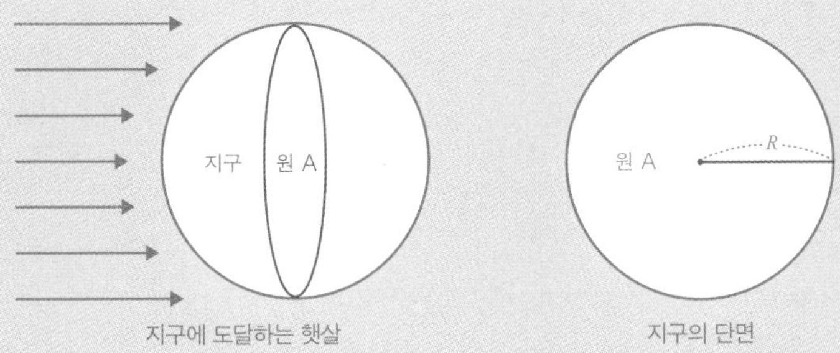

지구에 도달하는 햇살 지구의 단면

지구의 반지름을 R이라 하면, 원 A의 넓이와 지구의 겉넓이는 이렇다.

원 A의 넓이 = πR^2

지구의 겉넓이 = $4\pi R^2$

즉 지구의 겉넓이는 원 A의 4배다.

이제 지표면이 1분마다 받는 태양 에너지를 계산해 보자. 이 계산에는 '태양 상수'가 필요하다. 태양 상수란 태양 광선에 수직인 원 A와 같은 면이 단위 면적(여기서는 1제곱센티미터)당 단위 시간(1분) 동안 받는 에너지의 양으로, 그 값은 약 2cal/cm^{2}min이다. 이것에 원 A의 넓이를 곱하면 지구 전체가 1분마다 받는 태양 에너지를 알 수 있다.

지구가 1분마다 받는 태양 에너지
= 태양 상수 × 원 A의 넓이
= 2cal/cm^{2}min × πR^2

이 값을 다시 전체 지표면 넓이로 나눈다.

지표면이 단위 면적당 1분마다 받는 태양 에너지
= 지구가 1분마다 받는 태양 에너지 ÷ $4\pi R^2$
= 2cal/cm^{2}min × πR^2 ÷ $4\pi R^2$
= 0.5cal/cm^{2}min

이는 가로 세로 1센티미터인 지구 표면이 1분 동안 받는 태양 에너지가 평균 0.5칼로리란 의미다. 다시 말해 지구의 겉넓이가 원 A의 4배이므로, 지표면에 평균적으로 쏟아지는 태양 에너지는 정확히 태양 상수의 $\frac{1}{4}$이 되는 셈이다.

그렇지만 지구는 둥글기 때문에 실제로는 지역마다 입사하는 태양광의 양이 달라진다. 햇살이 정면으로 부닥치는 적도 지방에서는 태양 에너지를 가장 강하게 받는 반면, 고위도로 올라갈수록 햇빛이 비스듬하게 비추므로 에너지가 점점 줄어들다가 극지방에서 태양 에너지가 가장 약해진다. 적도 지방이 덥고 극지방이 추운 것은 바로 이 때문이다.

3장 —

미스터 퐁 맛의 세계로

Question

똑같은 반죽으로 쿠키를 더 많이 만들려면。

원의 넓이는 파이(π = 3.14)와 반지름의 제곱을 곱하여 구한다. 그러니 원형 반죽의 넓이가 100π제곱센티미터라면, 반지름은 10센티미터임을 알 수 있다. 이것을 가로 세로 2.5센티미터씩으로 가르면 그만한 크기의 정사각형 32개가 나온다.

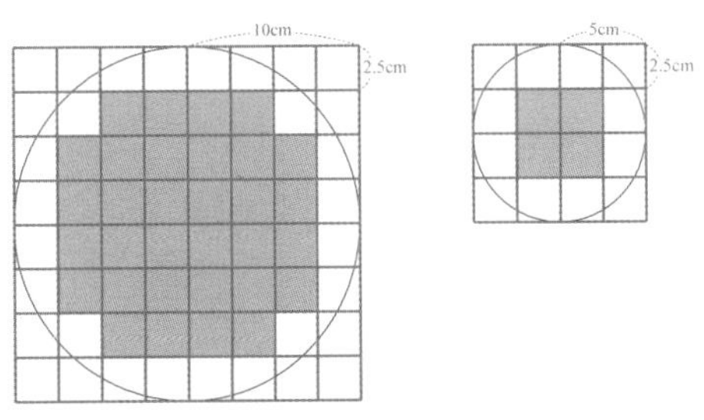

원형 반죽을 갈라 만드는 미니 쿠키

한편 원의 넓이가 25π제곱센티미터라면, 반지름은 5센티미터이다. 여기서는 가로 세로 2.5센티미터 크기의 정사각형 4개가 나온다. 이런 반죽이 4개이므로 쿠키 수는 총 16개(4 × 4)다. 따라서 면적이 큰 원형 반죽 하나에서 더 많은 쿠키가 생긴다. 이것을 가리켜 '수율收率이 더 높다'고 한다.

이 원리를 반도체 생산에도 적용할 수 있다. 반도체는 원형의 웨이퍼 칩을 잘라서 만드는데, 반도체 수율을 높이기 위해서는 웨이퍼를 크게 제작하는 것이 훨씬 유리하다.

큰 원형 반죽 하나에서 더 많은 쿠키를 얻을 수 있다.

Question — 케이크 위 글씨의 면적。

우리가 수학 시간에 배우는 넓이 공식으로는 '생일 축하'라는 글씨의 면적을 구할 수 없다. 하지만 그렇다고 불가능한 것은 아니다. 케이크에 점을 찍어 상대적 비율로 면적을 알아낼 수 있다.

케이크에 직접 점을 찍기가 여의치 않으니, 케이크를 찍은 사진을 컴퓨터에 입력해 무작위로 점을 찍어 보자. 점은 케이크와 '생일 축하'라는 글자에 무작위로 찍힌다. 점이 케이크 일부분에 몰릴 수도 있지만, 점이 많아질수록 골고루 찍힌다. 점이 빽빽해지면 찍힌 점의 개수를 센다(물론 직접 셀 수도 있으나 컴퓨터에 물어보면 간단히 답을 알 수 있다).

케이크에 무작위로 찍히는 점들

가령 케이크 전체에 찍힌 점은 1만 개이고, 그중에서 글자에 찍힌 점은 100개라 하자. 그렇다면 글자의 면적은 케이크 면적의 $\frac{100}{10000}$, 즉 $\frac{1}{100}$이라는 것을 알 수 있다. 케이크 면적은 한 변이 20센티미터이니 400제곱센티미터(20센티미터 × 20센티미터)다. 따라서 글자 면적은 4제곱센티미터다.

이런 계산 방식을 '몬테카를로법Monte Carlo method'이라 한다.

무작위로 촘촘히 찍은 점의 개수를 센다.

Question — 파이로 파이값 구하기.

우선 파이와 지름이 똑같은 원을 그린 다음, 이 원의 바깥을 정확히 감싸는 정사각형을 그린다. 정사각형 안에 점을 무수히 임의로 찍고(컴퓨터를 이용하면 더욱 편리하다), 정사각형과 원에 찍힌 점의 개수를 센다.

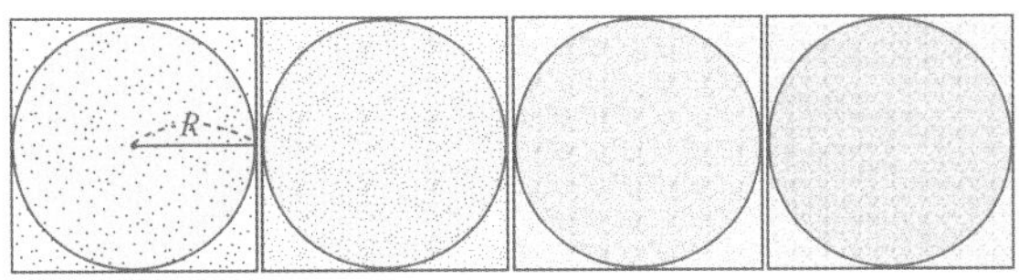

몬테카를로법으로 π 값 구하는 과정

원의 반지름을 R이라 하면, 정사각형의 한 변은 $2R$이 된다. 이때 원의 넓이는 '원주율 $\times R \times R$', 정사각형의 넓이는 '$2R \times 2R$'이다. 이 두 도형의 넓이 비는 찍힌 점의 개수 비율과 같아야 하니, 다음 식이 성립한다.

$$\frac{\text{원에 찍힌 점의 개수}}{\text{정사각형에 찍힌 점의 개수}} = \frac{\text{원의 넓이}}{\text{정사각형의 넓이}}$$

$$= \frac{\text{원주율} \times R \times R}{2R \times 2R} = \frac{\text{원주율}}{4}$$

$$\frac{4 \times \text{원에 찍힌 점의 개수}}{\text{정사각형에 찍힌 점의 개수}} = \text{원주율}$$

찍힌 점의 개수가 많을수록 정확한 원주율값에 가까워진다.

파이에 외접하는 정사각형을 그린 다음 몬테카를로법을 이용한다.

최적의 할인 옵션을 찾아라.

뷔페식당에서 저녁 식사를 마친 미스터 퐁
고객님, 가게 창립 10주년
할인 행사에 당첨되셨습니다!!
와, 진짜요?!
오늘 식사비의 20퍼센트를
할인해 드립니다만,
대신 옵션이 있습니다.
옵션… 이라뇨??
식사비에 봉사료
10퍼센트를 더한 후 20퍼센트 할인하는 것,
그리고 먼저 식사비를
20퍼센트 할인한 후에 봉사료 10퍼센트를
더하는 것 중에서 고르시면 됩니다.
단, 30초 내로 결정하지 못하면
무효 처리되십니다.
음…
뭐
이런 식당이
다 있어?
과연 어느 쪽 계산이 쌀까?

언뜻 큰 가격을 할인하는 게 좋을 듯싶어, 식사비에 봉사료를 더한 후 할인하는 쪽이 쌀 거라고 생각할 수도 있으나 그렇지 않다.

밥값의 원금을 A라 하고, 각각의 경우 가격을 계산해 보자.

1. 밥값에 봉사료를 더한 후 할인하는 경우

봉사료는 밥값의 10퍼센트이니 $0.1A$이고, 여기에 밥값을 더하면 $A + 0.1A = 1.1A$이다. 이것의 20퍼센트 할인 금액은 $1.1A \times 0.2$이다. 따라서 계산할 가격은 이 두 금액의 차액이니 다음과 같다.

$$1.1A - (1.1A \times 0.2) = 1.1A - 0.22A = 0.88A$$

2. 밥값을 할인한 뒤 봉사료를 더하는 경우

20퍼센트를 할인했으니 밥값은 $0.8A$이고, 이 가격의 봉사료 10퍼센트는 $0.8A \times 0.1$이다. 따라서 계산할 가격은 이 두 값을 더한 다음 값이다.

$$0.8A + (0.8A \times 0.1) = 0.8A + 0.08A = 0.88A$$

이처럼 어느 쪽을 선택하든 결국 지불하는 금액은 동일하다.

둘 다 똑같은 금액을 지불하게 된다.

Question — 꼬인 벨트의 비밀.

띠를 한 번 꼬면 겉과 안을 구별할 수 없는데, 이러한 띠를 발견자인 독일의 수학자 뫼비우스August Möbius, 1790~1868의 이름을 따 '뫼비우스의 띠Möbius strip'라고 한다.

뫼비우스의 띠

한 번 엇갈려 감지 않은 고무벨트는 안쪽 면만 바퀴와 접촉하게 된다. 그러다 보니 기계와 닿는 면만 계속 닳는다. 그러나 뫼비우스의 띠처럼 꼬인 벨트는 안팎으로 번갈아 접촉하는 까닭에 양면이 고르게 닳아 그만큼 경제적으로 사용할 수 있다.

한쪽 면만 닳는 것을 막기 위해.

Question — 세균 두 마리 제거 작전.

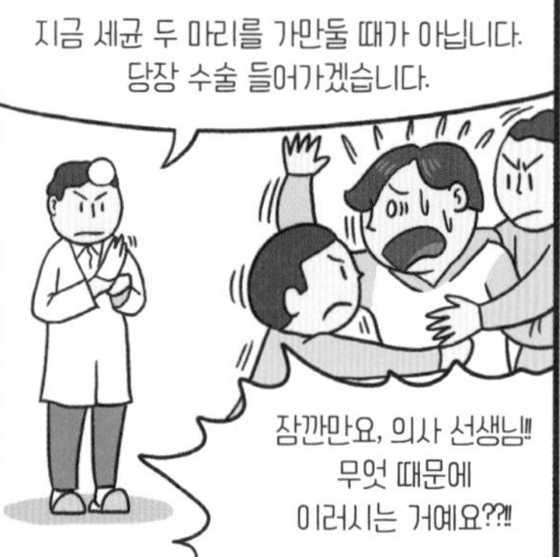

지구상에는 셀 수도 없을 만큼 많은 종류의 세균이 있고, 몸속에도 여러 세균이 살고 있다. 이들 대부분은 인체에 그다지 심각한 영향을 끼치지 않는다. 그러나 더러 치명적 결과를 초래하는 세균이 침투하는 것이 문제다. 물론 약이 있으면 걱정은 덜 수 있지만, 그렇다고 마음을 완전히 놓아선 안 된다. 변종 세균이 있는 데다 세균은 워낙 번식력이 강하기 때문이다. 약으로 수십억 마리 세균을 죽였다 해도 그중 한두 마리가 변종해서 살아남으면 잦아드나 싶던 몸속 위기가 다시 찾아올 수 있다. 이 과정을 수학적으로 살펴보면 이렇다.

세균은 몸뚱이가 둘로 나뉘는 이분법으로 증식한다. 예를 들어 이것이 30분마다 이루어진다면, 처음에는 1마리였던 세균이 60분 후에는 4마리, 1시간 30분 후에는 8마리, 하루 지나면 281,474,976,710,656마리, 이틀 지나면 79,228,162,514,264,337,593,543,950,336마리로 불어난다.

미스터 퐁을 검진한 의사는 이처럼 기하급수적으로 증가하는 세균의 놀라운 번식력을 우려한 것이다.

세균의 폭발적 증식.

Question — 막걸리 술잔에 담긴 판매 전략。

막걸리를 많이 팔려면 소비자의 취향을 발 빠르게 파악하는 등 여러 가지 노력을 기울여야 하는데, 그중에는 수학적 계산도 필요한 법이다. 바로 '소수의 원리'를 응용하는 것이다. 소수란 1과 자기 자신 외에는 나눠떨어지지 않는 수다. 예를 들어 11은 1과 11 외의 수로는 나뉘지 않아 소수지만, 12는 1과 12 외에 2와 6, 3과 4로도 나뉘므로 소수가 아니다.

이제 700밀리리터 막걸리병과 100밀리리터 잔을 생각해 보자. 이 병 하나로는 일곱 잔을 채울 수 있다. 7은 소수다. 그래서 다음과 같은 상황이 벌어진다. 두 사람이 사이좋게 세 잔씩 마시면 막걸리 100밀리리터가 남는다. 이걸로 두 사람의 잔을 모두 채울 수 없으니 어쩔 수 없이 한 병을 더 시켜야 한다. 사람이 셋이라면 두 잔씩 따르고 나서 100밀리리터가 남는다. 역시 이걸로는 세 사람의 잔을 채우기에 부족하니 한 병을 더 주문해야 한다. 네 사람이 한 잔씩 마시면 300밀리리터가 남는다. 이 양은 한 사람분이 부족하므로 한 병을 더 시켜야 한다. 다섯 사람의 경우에도 200밀리리터가 남으니 또 한 병을 주문해야 한다.

그러니 정확히 일곱 사람이 모이지 않는 한 웬만한 모임에서는 막걸리 한 병만으로는 부족한 상황이 유발되므로, 자연스럽게 막걸리를 더 많이 팔 수 있다.

소수의 원리를 적용하여 막걸리가 부족한 상황을 유도한다.

Question — 토너먼트 대회의 경기 수 (1).

토너먼트는 참가 선수(또는 팀) 중에서 두 선수가 대결하여 진 선수는 탈락하고, 이겨서 살아남은 선수들끼리 다시 경기를 계속해 나가면서 우승을 다투는 방식이다. 우선 128명이 둘씩 시합하면 64경기를 치르므로 64명의 승자가 남는다. 다시 이 64명이서 32경기를 벌여 32명의 승자를 가리고, 이런 식으로 16명 → 8명 → 4명 → 2명의 승자가 나온 후 이 두 사람이 결승전에서 맞붙은 끝에 최종 우승자가 탄생한다. 결국 128명이 참가하는 토너먼트 대회의 총 시합 수는 64 + 32 + 16 + 8 + 4 + 2 + 1 = 127이다.

여기서 128과 127이란 숫자를 눈여겨볼 필요가 있다. 그렇다. 토너먼트의 총 경기 수는 참가 선수보다 하나가 적다. 이것을 공식으로 만들면 이렇게 된다.

> N개 팀(또는 N명의 선수)이 참가한 토너먼트의 총 시합 수
>
> $= N - 1$

127경기.

Question 토너먼트 대회의 경기 수 (2)

우선 리그전 경기 수를 알아보자. 한 조에는 4명의 선수가 있으니 경기 수는 총 6번(4 × 3 ÷ 2)이고(리그전 시합 수 계산법은 54~57쪽을 참고), 8개 조가 있으니 리그전으로 펼치는 총 시합 수는 48경기(6 × 8)가 된다.

다음은 토너먼트 경기 수를 살펴보자. 토너먼트에는 16명의 선수가 출전하니, 경기 수는 15회(16 - 1)가 된다. 따라서 총 시합 수는 48 + 15 = 63경기다.

4년마다 열리는 월드컵 축구 대회 또한 이 햄버거 먹기 전국 대회와 같은 방식으로 펼쳐진다. 대륙별 예선을 거쳐 올라온 32개국 팀이 우선 4개 팀씩 8개 조로 나뉘어 조별 리그전을 벌이고 나서, 이를 통과한 16개 팀이 토너먼트 방식으로 우승 팀을 가린다. 다만 월드컵에서는 4강전에서 패한 두 팀끼리 다시 3, 4위를 가리는 경기를 한 차례 더 치르므로 총 64경기가 벌어진다.

63경기.

생쥐와 돼지의 에너지 소비。

돼지가 쥐보다 1만 배 무거우니 신진대사로 소비하는 에너지는 1000배 크다. 신진대사율이 몸무게의 4분의 3제곱에 비례한다고 했으니, $10000^{\frac{3}{4}} = 1000$이기 때문이다.

이를 에너지 단위인 줄joule로 표현하면, 돼지 한 마리가 1000줄의 에너지를 소비할 때 쥐 한 마리는 1줄을 사용한다는 뜻이다. 쥐 한 마리가 1줄을 소모한다면 1만 마리에게는 1만 줄이 필요하다. 따라서 돼지 한 마리보다 쥐 1만 마리가 소모하는 에너지가 10배 더 많다. 이 결과에서 "어떤 동물이 몸무게 1그램당 소비하는 에너지는 덩치가 작을수록 크다"는 사실을 알 수 있다.

2. 쥐 1만 마리.

수학 지식 파고들기 —

천문학적인 수를 쉽게 다루는 거듭제곱

세균이 30분마다 둘로 갈라지면서 번식한다면, 처음에는 1마리였던 세균이 다음처럼 폭발적으로 증가하게 된다.

경과한 시간	세균의 수
30분	2
60분	4
1시간 30분	8
24시간	281,474,976,710,656
48시간	79,228,162,514,264,337,593,543,950,336

단 이틀 만에 약 79,000,000,000,000,000,000,000,000,000마리라는 엄청난 수로 불어나는 것이다. 이 숫자에 대체 0이 몇 개나 붙어 있는가? 이런 수로 연산을 하다 보면 중간에 0을 한두 개쯤 빠뜨려 계산을 처음부터 다시 해야 하는 번거롭고 짜증스러운 일이 흔히 발생한다. 이를 간단히 해결할 수 있는 방법은 없을까?

어떤 수를 여러 번 거듭하여 곱해 나가는 것을 거듭제곱이라 한다. 이때 반복하여 곱하는 횟수를 오른쪽 상단에 작은 글씨로 적을 수 있다. 예컨대 1000은 10을 3번 곱하는 것($10 \times 10 \times 10$)이니 10^3, 100000은 10을 5번 곱하므로($10 \times 10 \times 10 \times 10 \times 10$) 10^5으로 적는다. 여기서 원래 수에 들어 있는 0의 개수가 바로 거듭제곱의 위치에 적어 넣는 수라는 것을 알 수 있다.

이런 식으로 이틀 만에 번식한 세균의 수도 간결히 표시할 수 있다. 79,000,000,000,000,000,000,000,000,000는 0이 27개니 10의 오른쪽 상단에 27을 적고, 0이 아닌 수 79를 곱해 주면 된다. 즉 79×10^{27}으로 고쳐 쓸 수 있다. 여기서 반복하여 곱해 주는 수는 10이며, 이를 '10의 거듭제곱'이라 한다. 반복하여 곱하는 수가 2면 '2의 거듭제곱', 3이면 '3의 거듭제곱'이라 부른다.

수학으로 요리하는 자연 —

우주의 크기와 나이 계산하기.

우주의 크기와 나이를 수학으로 계산해 보자.

1929년 미국의 천체물리학자 에드윈 허블Edwin Hubble, 1889~1953은 "지구에서 멀리 떨어진 은하일수록 빨리 도망친다"는 법칙을 발견했다. 이를 '허블의 법칙'이라고 하는데 수식으로 표현하면 이렇다.

$$V = Hr \quad \text{——} ①$$

에드윈 허블

V는 은하의 후퇴 속도(단위는 km/s), r은 우주의 맨 바깥쪽 은하까지의 거리[단위는 메가파섹(Mpc)이며, 여기서 M은 메가mega의 첫 글자로 100만을 뜻한다], H는 허블 상수로 대략 50~100km/s/Mpc이다. 은하는 빠르게 후퇴하고 있지만, 아무리 빨라도 광속보다 빠를 수는 없다. 왜냐하면 빛은 자연계에서 가장 빠르기 때문이다.

식 ①을 반지름에 대한 식으로 고치면 다음과 같다.

$$r = \frac{V}{H} \quad \text{——} ②$$

이 식을 이용해 우주의 크기를 가늠할 수 있는데, 우선 허블 상수가

50km/s/Mpc인 경우부터 계산해 보자. 우주의 맨 바깥쪽에서 멀어지는 은하의 속도를 광속이라 보고, 식 ②의 V에 광속 300000km/s, H에 허블 상수 50km/s/Mpc을 대입하면 다음과 같다.

$$r = \frac{300000\text{km/s}}{50\text{km/s/Mpc}} = 6000\text{Mpc}$$

그런데 M은 100만(10^6)을 뜻하므로, 다음과 같이 고쳐 쓸 수 있다.

$$6000\text{Mpc} = 6 \times 10^3\text{Mpc} = 6 \times 10^3 \times 10^6\text{pc} = 6 \times 10^9\text{pc}$$

1파섹(pc)은 3.26광년(ly)이므로, r을 광년 단위로 환산하면 다음과 같다.

$$r = 6 \times 10^9\text{pc} = 3.26 \times 6 \times 10^9\text{ly} = 19{,}560{,}000{,}000\text{ly}$$

즉 우주의 반지름은 200억 광년에 가깝다.

다음에는 허블 상수가 100km/s/Mpc인 경우를 계산해 보자. 식 ②에 광속과 허블 상수 100km/s/Mpc을 대입하면 다음과 같다.

$$r = \frac{300000\text{km/s}}{100\text{km/s/Mpc}} = 3000\text{Mpc} = 3 \times 10^3\text{Mpc} = 3 \times 10^9\text{pc}$$
$$= 3.26 \times 3 \times 10^9\text{ly} = 9{,}780{,}000{,}000\text{ly}$$

여기서는 반지름이 100억 광년에 육박한다는 결과가 나온다. 따라서 우주의 크기는 반지름이 100억 광년에서 200억 광년에 이를 정도로 어마어마하다는 걸 예측할 수 있다.

허블 상수는 우주의 나이와도 깊은 관계가 있다. 은하가 등속으로 멀어진다면, 속도와 거리, 시간의 관계를 다음과 같이 나타낼 수 있다(t는 시간).

$$V = \frac{r}{t} \quad \text{——③}$$

식 ③을 식 ① '$V = Hr$'에 대입하면 이렇다.

$$\frac{r}{t} = Hr$$

이를 t에 대해 정리하면 다음과 같다.

$$\frac{1}{t} = H$$
$$t = \frac{1}{H}$$

즉 허블 상수의 역수가 우주의 나이와 같아지는 것이다.

이처럼 우주의 정확한 크기와 나이를 구하는 일은 허블 상수를 얼마나 정밀히 측정하는가에 달려 있다고 볼 수 있다.

4장 —

미스터 퐁은 데이트 중

Question — 드라큘라는 존재하지 않는다.

드라큘라는 아일랜드 작가 브램 스토커Bram Stoker, 1847~1912의 소설 『드라큘라Dracula』의 주인공이다. 스토커는 15세기 왈라키아 공국의 블라드 3세Vlad III를 드라큘라의 모델로 삼았다. 그는 전쟁 포로나 범법자를 기다란 꼬챙이로 처형했다고 한다. 아버지 블라드 2세가 '용'을 뜻하는 '드라쿨Dracul'이라는 별칭을 얻었기에, 블라드 3세는 그 아들임을 가리키는 '블라드 드러쿨레아Drăculea'로 불렸다. 오늘날 흡혈귀의 대명사로 통하는 드라큘라는 이렇게 탄생했다.

드라큘라는 타인의 피를 빨아 먹고 사는데, 이렇게 흡혈당한 사람도 드라큘라가 된다. 드라큘라가 하루에 한 번씩 흡혈한다고 해 보자. 하루가 지나면 드라큘라는 2명이 되고 이틀이면 4명이 된다. 이런 식으로 흡혈이 이어지면, 열흘이 지나면 1000명(정확히는 1024명), 20일이 지나면 100만 명, 30일이 지나면 10억 명, 33일째가 되면 무려 80억 명이 넘는다.

이제껏 인구가 80억 명을 넘어선 적은 없다. 드라큘라가 존재했다면 지구는 고작 한 달여 만에 드라큘라의 세상으로 변해 버렸을 것이다. 그러나 이런 일은 일어난 적이 없으니, 드라큘라는 단 한 명도 존재하지 않는다고 단언할 수 있다.

드라큘라가 존재한다면, 인류는 오래전에 모두 드라큘라가 되었을 것이다.

Question — 색색의 장미꽃 다발。

1852년 영국 수학자 거스리Francis Guthrie, 1831~1899는 이런 생각을 했다.

"이웃한 지역을 서로 다른 색으로 칠하면서 영국의 땅을 구분하려면 최소한 몇 가지 색이 필요할까?"

언뜻 보기에 '이까짓 것쯤이야'라고 생각하는 사람도 있겠지만 그리 간단치 않은 문제다. 거스리는 아무리 해도 답을 찾을 수 없자 스승인 드모르간Augustus De Morgan, 1806~1871에게 도움을 청했으나 그도 답을 내놓지 못했다. 두 사람 말고도 여러 수학자가 도전했지만 실패했다.

그러다가 거스리 이후 120여 년이 지난 1976년에야 애펄Kenneth Appel, 1932~2013과 하켄Wolfgang Haken, 1928~ 이라는 두 수학자가 컴퓨터를 이용하여 4가지 색이면 충분하다는 답을 얻어 내면서 문제가 풀렸다. 그래서 이것을 4색 문제four-color problem라고 한다.

그러니 꽃집 주인도 마찬가지로 4가지 색 장미(예를 들어 빨간 장미, 노란 장미, 분홍 장미, 파란 장미)만 있으면 같은 색깔 꽃들이 서로 붙지 않게 배치된 꽃다발을 만들 수 있다.

4가지 색만 있으면 충분하다.

Question — 해바라기 씨앗의 비밀。

이탈리아 피사에서 활약한 수학자 피보나치Leonardo Fibonacci, 1170?~1250?는 다음과 같은 흥미로운 문제를 냈다. "암수 토끼 한 쌍이 생후 2개월이 지나면서부터 매달 암수 새끼 한 쌍을 낳는다. 태어난 새끼들도 똑같이 두 번째 달부터 매달 새끼 한 쌍을 낳는다. 이런 식으로 새끼를 낳으면 토끼는 몇 쌍으로 늘어나는가?"

토끼가 도중에 죽지 않는다고 하면 토끼 쌍은 매달 이렇게 증가한다.

1, 1, 2, 3, 5, 8, 13, 21, 34, 55, 89, 144, 233, …

이와 같은 수의 배열을 피보나치수열이라 한다. 피보나치수열은 세 번째 이후의 수가 바로 앞 두 수의 합과 같다는 특징이 있다. 예를 들어, 2는 앞선 두 수 1과 1의 합이고, 34는 13과 21의 합이다.

자연에서도 피보나치수열을 찾을 수 있다. 해바라기 씨앗은 나선 모양으로 배열되어 있다. 이 사진에서 나선이 반시계 방향으로는 34줄, 시계 방향으로는 55줄 있다. 34와 55는 바로 피보나치수열에서 이웃해 있는 두 수다. 더 큰 해바라기 속에서는 나선이 89줄, 144줄씩 늘어서기도 한다. 이런 식으로 배치하는 까닭은 최소 공간에 최대한 많은 씨앗을 촘촘하게 채우기 위해서다.

해바라기 속의 피보나치수열

최소 공간에 최대한 많은 씨앗을 담는 피보나치수열.

Question — 마음속 숫자 맞히기。

이것은 간단한 1차 방정식 문제다. 여자 친구가 생각한 수를 미지수 X라 하자. 그러면 미스터 퐁의 복잡한 주문을 이렇게 쓸 수 있다.

그 수를 4배 하고: $4X$

8을 더하고: $4X + 8$

2로 나누고: $(4X + 8) \div 2 = 2X + 4$

6을 빼고: $2X + 4 - 6 = 2X - 2$

2배 하고: $2(2X - 2) = 4X - 4$

4로 나누고: $(4X - 4) \div 4 = X - 1$

9를 더해: $X - 1 + 9 = X + 8$

마지막 '$X + 8$'이 여자 친구의 답 9와 같아야 한다. 따라서 처음 생각한 수 X는 1이 된다.

1.

Question — 패스트푸드점의 의자。

패스트푸드점의 전략은 비싸지 않은 음식을 하나라도 더 많이 팔아 이익을 최대한 얻는 것이다. 이를 실현시켜 주는 일등 공신이 바로 의자다. 이곳의 의자를 보면 알록달록 예쁘긴 한데, 오랫동안 쉴 수 있을 만큼 푹신푹신하지는 않다. 거의가 딱딱한 플라스틱으로 만든 데다 크기도 엉덩이를 겨우 걸칠 수 있는 정도다.

이처럼 편안함과는 거리가 먼 의자를 비치해 놓는 이유는 가급적 빨리 다른 손님을 받기 위해서다. 즉 '패스트fast'라는 말 그대로, 빨리 먹고 빨리 자리를 비워 달라는 것이다. 이렇듯 의자 한 가지에도 손님의 평균 점유 시간을 줄이려는 전략이 숨어 있다.

손님이 앉아 있는 시간이 길수록 이익이 줄기 때문이다.

Question

맨홀 뚜껑이 둥근 이유。

맨홀은 사람이 지하로 들어갈 수 있게 길바닥에 뚫어 놓은 구멍이다. 이를 막지 않은 채로 놔두면 지나가는 사람이 무심코 걷다 빠지는 아찔한 사태가 발생할 수 있다.

물론 맨홀 뚜껑을 원형으로만 제작하라는 법은 없다. 그러나 원 말고 다른 형태로 만들면 안전에 문제가 생긴다. 예컨대 한 변이 100센티미터인 정사각형 맨홀 뚜껑을 생각해 보자. 이걸 맨홀 입구 모양에 맞춰 내려놓으면 구멍을 가릴 수 있지만, 대각선으로 걸쳐 놓으면 구멍 속으로 빠지게 된다. 이 정사각형의 대각선은 141.4센티미터로 변보다 길기 때문이다. 반면 원형 뚜껑은 그럴 염려가 없다. 원의 지름은 어느 방향으로든 똑같기 때문이다.

사각형 맨홀 뚜껑은 대각선 방향으로 틀어질 경우 맨홀 속으로 빠질 염려가 있다.

맨홀 뚜껑은 보통 철로 만들기 때문에 무게가 어마어마하다. 그러니 원형으로 만들면 굴려서 옮기기 쉽다는 이점도 있다.

뚜껑이 빠지지 않도록 하기 위해.

Question — 미로를 탈출하라.

미로의 역사는 그리스 신화로까지 거슬러 올라간다. 형제들과 다투고 있던 크레타 섬의 왕 미노스는 바다의 신 포세이돈이 보내 준 황소를 징표로 내세워 승리를 거두었다. 약속대로라면 이 황소를 포세이돈에게 제물로 바쳐야 했지만, 이 소가 아까웠던 미노스는 다른 소를 잡았다. 화가 난 포세이돈은 미노스의 왕비 파시파에가 이 황소와 사랑에 빠지게 만들었고, 결국 그 둘 사이에서 사람의 몸에 소의 머리를 한 괴물 미노타우로스가 태어났다. 그러자 미노스는 다이달로스에게 아무도 빠져나오지 못하는 완벽한 미로를 지을 것을 명하고는 미노타우로스를 이 미로 속에 영구히 가둬 버렸다.

그런데 아무리 복잡한 미로라도 출구를 찾는 비법은 의외로 간단하다. 벽에 손을 대고 한발 한발 걸으면 나올 수 있다. 이는 미국의 수학자 노버트 위너Norbert Wiener, 1894~1964가 증명했다. 이 방법은 소형 로봇 마이크로마우스Micromouse가 스스로 길을 찾는 데 활용된다.

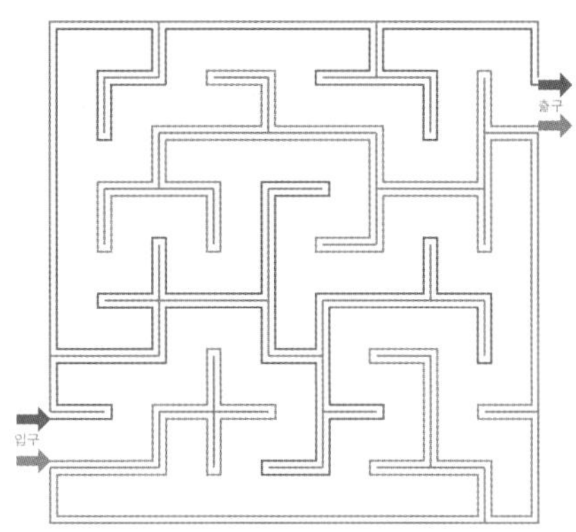

위너의 벽 따라가기 방법. 미로가 막혀 있지만 않다면
왼쪽이든 오른쪽이든 벽을 따라 걸으면 빠져나올 수 있다.

벽을 짚으며 따라간다.

Question — 비싸고 맛없는 음식점 (1).

값이 저렴한 음식점인 경우를 A, 맛이 좋은 음식점인 경우를 B, 그리고 저렴하고 맛 좋은 음식점인 경우를 C라고 하자. 이것을 다음과 같이 그림으로 나타내면, A와 B가 동시에 일어나는 경우인 C는 A와 B가 겹치는 영역에 해당한다.

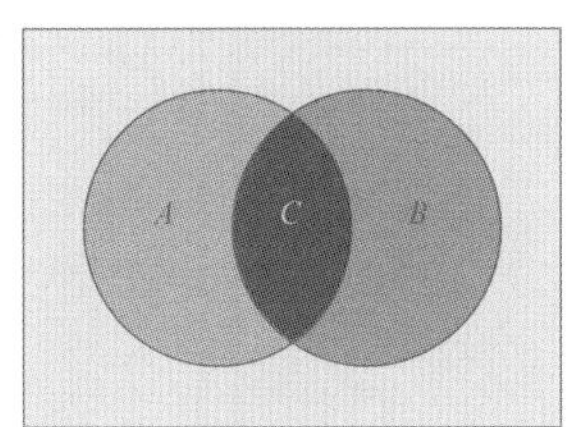

이때 맛도 별로이면서 비싼 음식점인 경우는 A, B, C 바깥의 영역이다. 전체 확률은 1이므로, 이 경우의 확률은 1에서 A의 확률과 B의 확률을 빼고 나서 C의 확률을 한 번 더해 주면 된다. 왜냐하면 A와 B에 C가 중복하여 포함되는 바람에 C의 확률을 이미 두 번이나 뺀 셈이기 때문이다.

$$1 - \left(\frac{3}{10} + \frac{1}{10}\right) + \frac{1}{20} = \frac{13}{20}$$

아무렇게나 선택한 음식점이 맛도 별로면서 비쌀 확률은 $\frac{13}{20}$이다. 즉 20번 중 13번은 몹시 실망스러운 음식점에 들어가게 된다는 얘기다.

$\frac{13}{20}$.

Question

비싸고 맛없는 음식점 (2).

여자 친구의 발표를 들은 미스터 퐁
그런데 아직도 이해가 안 돼.
뭐가?

저렴하고 맛 좋은 음식점일 확률이 1/20 이라고 했잖아.
나 혼자 저렴하고 맛도 좋아!!

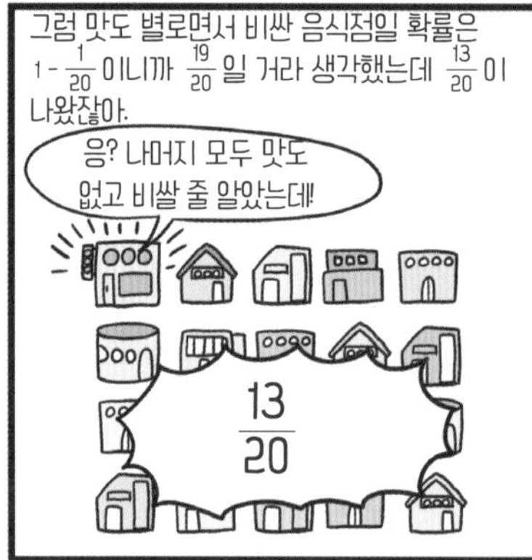
그럼 맛도 별로면서 비싼 음식점일 확률은 1 - 1/20 이니까 19/20 일 거라 생각했는데 13/20 이 나왔잖아.
응? 나머지 모두 맛도 없고 비쌀 줄 알았는데!
13/20

그건 의미가 다르기 때문이야.
무슨 의미가 다르다는 거지…

일상생활의 대화에선 "저렴하고 맛 좋은 음식점"의 부정은 "비싸고 맛없는 음식점"이라 해도 별 지장이 없다. 그러나 엄밀성을 요구하는 수학에선 그럴 수 없다. 수학에서 "A이고 B이다"라는 명제의 부정은 "A도 B도 아니다"가 아니라, "A가 아니거나 B가 아니다"이다. 즉 A와 B 중에서 하나만 반대가 되어도 부정이 성립하는 것이다.

이 원리를 적용하면, "저렴하고 맛 좋은 음식점"의 부정은 "비싸고 맛없는 음식점"이 아니라, "비싸거나 맛없는 음식점"이 된다. "비싸고 맛없는 음식점"은 비싸면서도 맛이 없어야 하는 반면, "비싸거나 맛없는 음식점"은 비싸든지 맛없든지 둘 중 하나만 만족해도 되는 명제이다.

다시 말해 미스터 퐁이 머릿속으로 계산한 확률 $\frac{19}{20}$는 "비싸고 맛없는 음식점일 확률"이 아니라 "비싸거나 맛없는 음식점일 확률"이다.

일상생활과 수학에서 사용하는 '부정'의 의미가 서로 다르다.

Question — 틀린 글자는 몇 개일까。

책 속의 오자 수를 추정하는 데 이용할 수 있는 공식으로 '링컨 지수Lincoln index'라는 것이 있다. 링컨 지수는 이렇게 표현한다.

$$L = \frac{E_1 \times E_2}{S}$$

여기서 L은 링컨 지수, E_1과 E_2는 각각 독립적인 관측 결과, S는 공통 결과다. 이 지수를 두 사람의 오자 찾기에 적용하면 이렇게 된다.

$$\text{총 오자 수} = \frac{\text{여자 친구의 오자 수} \times \text{미스터 퐁의 오자 수}}{\text{공통 오자수}}$$

이 식에 여자 친구가 발견한 오자 수 15, 미스터 퐁이 발견한 오자 수 18, 공통 오자 수 10을 대입해 보자.

$$\text{총 오자 수} = \frac{15 \times 18}{10} = 27$$

즉 책 속의 오자는 27개로 추정된다. 링컨 지수를 이용하는 이 방법을 링컨 페테르센 방법Lincoln-Petersen method이라고도 한다.

약 27자.

수학 지식 파고들기 —

식물 속의 피보나치수열

꽃잎의 수에는 피보나치수열이 숨어 있다. 백합과 붓꽃은 3장이고, 채송화와 동백은 5장, 모란과 수련과 코스모스는 8장, 금잔화는 13장, 애스터는 21장, 질경이와 데이지는 34장, 쑥부쟁이는 종류에 따라 55장 또는 89장이다. 3장, 5장, 8장, 13장, 21장, 34장, 55장, 89장은 바로 피보나치수열이다.

나무가 자라면서 내뻗는 가지도 피보나치수열에 따라 증가한다. 우선 큰 줄기 A에서 가지 B가 돋아난다. 일정한 기간이 지나 A에서 또 다른 가지 C가 생길 때, B는 아직 충분히 여물지 않아서 분지하지 못한다. 이렇듯 갓 생겨난 가지는 다른 가지들이 새 가지를 낼 때 함께 분지하지 못하고 그다음 시기부터 갈라지게 된다. 그러므로 가지의 수는 앞(97쪽)에서 예로 든 토끼 쌍과 똑같은 식으로 1, 1, 2, 3, 5, 8, 13, 21, 34, 55, 89, …의 피보나치수열을 이루며 늘어난다.

나뭇가지 수는 피보나치수열에 따라 증가한다.

식물의 잎차례에도 피보나치수열이 있다. 잎차례란 줄기에서 나는 잎의 배열 방식으로, 식물 종마다 그 패턴이 일정하다. 이것은 가지를 도는 횟수와 그 사이에 나 있는 잎 개수의 비율로 표기한다. 그러니까 t번 회전하는 동안 잎이 n개 달려 있으면 $\frac{t}{n}$로 쓰는 것이다. 이 비율이 참나무와 벚꽃은 $\frac{2}{5}$, 포플러와 장미와 버드나무는 $\frac{3}{8}$, 갯버들과 아몬드는 $\frac{5}{13}$로, 분자와 분모가 피보나치 수다. 지금까지 알려진 바에 따르면 식물의 90퍼센트가량이 이와 같은 규칙을 따른다고 한다. 이런 잎차례는 위쪽에 있는 잎이 아래쪽 잎을 가리지 않으므로, 햇빛을 최대로 받아 광합성을 할 수 있다.

예전에는 식물에서 피보나치수열이 보이는 이유를 DNA에서 찾으려 했다. 유전 물질인 DNA가 이런 패턴을 지시한다고 본 것이다. 그러나 근래에는 환경적 요인으로도 눈을 돌리고 있다. 씨나 잎이 환경에 적응하는 과정에서 자연스럽게 나타나는 현상이라는 것이다.

수학 지식 파고들기 —

명제와 부정

명제와 논리적 언어

참인지 거짓인지 구별할 수 있는 문장을 '명제'라고 한다. 예를 들어, "노벨 수학상은 노벨상 중에서도 가장 권위 있고 오래된 상이다"라는 문장은 누가 봐도 거짓이다. 노벨상에 수학상 부문은 없기 때문이다. 그래서 이것은 명제다. 반면 "공책에 연필로 직선을 그어라"와 같은 문장은 참과 거짓의 판별이 가능하지 않으므로 명제가 아니다.

명제와 명제를 이을 경우에는 연결어가 필요한데 이를 '논리적 언어'라 한다. 논리적 언어로는 '또는', '그리고', '이면', '아니다' 등이 널리 사용되고, 이렇게 만들어진 문장을 '합성 명제'라 한다.

다음의 명제를 보자.

날씨가 흐리다.
비가 온다.

이 두 명제를 '또는', '그리고', '이면', '아니다' 등으로 이으면 다음과 같은 합성 명제가 탄생한다.

[또는] 날씨가 흐리거나 비가 온다.
[그리고] 날씨가 흐리고 비가 온다.

[이면] 날씨가 흐리면 비가 온다.

[아니다] 날씨가 흐리지 않다.

[아니다] 비가 오지 않는다.

여기서 '또는'으로 연결된 명제를 논리합, '그리고'로 연결된 명제를 논리곱, '이면'으로 연결된 명제를 조건문, '아니다'로 연결된 명제를 부정문이라 한다.

명제의 참, 거짓

논리합이 참이 되는 경우는 두 명제 중 적어도 한쪽이 참일 때이다. 다시 말해 각각의 명제가 모두 거짓일 때 논리합은 거짓이 된다. 합성 명제 "날씨가 흐리거나 비가 온다"가 거짓이려면, 각 명제 "날씨가 흐리다"와 "비가 온다"가 모두 거짓이어야 한다. 즉 날씨가 흐리지도 않고 비가 오지도 않아야 한다.

논리곱이 참이 되는 경우는 각 명제가 모두 참일 때이다. 즉 두 명제 중 하나만 거짓이어도 거짓이 된다. 합성 명제 "날씨가 흐리고 비가 온다"가 참이려면, 각 명제 "날씨가 흐리다"와 "비가 온다"가 모두 참이어야 한다.

조건문은 참인 가정(앞 명제)에서 거짓인 결론(뒤 명제)을 이끌어 낼 때만 거짓이 된다. 합성 명제 "날씨가 흐리면 비가 온다"가 거짓이려면, "날씨가 흐리다"가 참이고 "비가 온다"가 거짓이어야 한다. 즉 날씨가 흐린데도 비가 오지 않아야 한다.

부정은 말 그대로 어떤 명제의 반대를 뜻한다.

수학으로 요리하는 자연 —

지구의 밀도 계산하기。

지구의 평균 밀도는 얼마나 될까? 수학으로 한번 계산해 보자. 우선 밀도는 이렇게 정의한다.

$$밀도 = \frac{질량}{부피}$$

따라서 밀도를 구하려면 우선 질량과 부피를 알아야 한다. 지구를 구형이라 가정하면 지구의 부피는 다음과 같은 구의 부피 공식을 이용해 얻을 수 있다.

$$지구의\ 부피 = \frac{4}{3}\pi R^3$$

여기서 R은 지구 반지름이다.

지구의 질량은 만유인력의 법칙으로 알아낼 수 있다. 질량 m인 물체가 지표에 있을 때, 이 물체에 작용하는 중력은 mg, 만유인력은 $G\frac{mM}{R^2}$이다. 여기서 g는 중력 가속도, G는 만유인력 상수, M은 지구 질량이다. 이때 중력과 만유인력은 같으므로 이런 식이 나온다.

지구

$$mg = G\frac{mM}{R^2}$$

이 식을 지구 질량에 대해 정리해 보자.

$$\text{지구의 질량} = M = \frac{R^2 g}{G}$$

이제 지구의 질량과 부피를 알고 있으므로 지구의 평균 밀도를 다음처럼 구할 수 있다.

$$\text{지구의 평균 밀도} = \frac{\text{지구의 질량}}{\text{지구의 부피}} = \frac{\frac{R^2 g}{G}}{\frac{4}{3}\pi R^3} = \frac{3g}{4\pi RG}$$

여기에 지구 반지름 R의 값 6400km, 중력 가속도 g의 값 9.8m/s^2, 만유인력 상수 G의 값 $6.67 \times 10^{-11}\text{m}^3/\text{s}^2\text{kg}$을 대입하면, 지구의 평균 밀도는 약 5.5g/cm^3임을 알 수 있다. 이는 지구를 구성하는 가로, 세로, 높이 1센티미터인 물질의 평균 질량이 5.5그램 정도라는 뜻이다.

5장 —

미스터 퐁 영화관에 가다

Question — 어느 영화를 볼 것인가。

주사위의 눈이 6까지 있고 그 합은 12이니, 6 이하일 확률이나 7 이상일 확률은 똑같다고 언뜻 생각하기 쉽다. 하지만 과연 그럴까? 다음 표에서 보이듯 두 주사위 눈의 합이 6 이하인 가짓수는 15이고, 7 이상인 가짓수는 21이므로, 7 이상일 확률이 더 높다.

1회	2회	합	1회	2회	합
1	1	2	4	1	5
1	2	3	4	2	6
1	3	4	4	3	7
1	4	5	4	4	8
1	5	6	4	5	9
1	6	7	4	6	10
2	1	3	5	1	6
2	2	4	5	2	7
2	3	5	5	3	8
2	4	6	5	4	9
2	5	7	5	5	10
2	6	8	5	6	11
3	1	4	6	1	7
3	2	5	6	2	8
3	3	6	6	3	9
3	4	7	6	4	10
3	5	8	6	5	11
3	6	9	6	6	12

따라서 여자 친구가 이겼다.

2. 승자는 여자 친구.

엘리베이터의 효율적 운행.

건물 1층에만 사람이 있는 게 아니다. 지하에도 있고, 중간층과 최상층에도 있다. 그런데 모든 엘리베이터가 1층에만 머물러 있다면, 다른 층, 특히 최상층에 있는 사람은 한참을 기다려야 한다.

사람들은 가급적 빨리 엘리베이터를 타기를 바란다. 그러자면 각 층마다 엘리베이터가 한 대씩 서 있도록 설치하는 것이 가장 좋겠지만, 이는 공간적으로나 경제적으로나 합리적이지 않다. 33층 빌딩에서 엘리베이터를 33대 운행한다고 생각해 보자. 엘리베이터 통로를 33군데나 내야 하므로 공간을 확보하기도 어렵고 어마어마한 비용을 감당하기도 벅차다.

적정한 대수의 엘리베이터로 대기 시간을 최소화하기 위해서는 일부 엘리베이터는 짝수 층, 일부 엘리베이터는 홀수 층만 정차하게 한다든가, 또 일부는 5층 이상과 1층, 일부는 10층 이상과 1층에만 멈추게 하는 등의 방법을 쓴다.

이 경우에는 네 층마다 엘리베이터가 한 대씩 머물러 있도록 운행하면 대기 시간을 최소화할 수 있다. 예를 들어 지하 4층, 1층, 5층, 9층, 13층, 17층, 21층, 25층, 29층, 33층에 한 대씩 두는 것이다.

2. 여러 층에 골고루 분산돼 있어야 한다.

Question — 영화 팸플릿의 비밀.

가로 10센티미터, 세로 20센티미터 종이를 반으로 가르면, 가로 세로 10센티미터짜리 정사각형 종이가 두 장 생긴다. 이렇듯 반으로 자른 종이는 그 모양이 원래 종이와 달라진다. 하지만 반으로 갈라도 크기만 줄어들 뿐 모양은 변하지 않는 것도 있는데, 바로 우리 주변에서 흔히 사용되는 A4 종이다.

A4의 원지原紙는 A0로, 규격은 가로 세로 841밀리미터 × 1189밀리미터다. 이를 반으로 가른 것이 A1(594 × 841), 한 번 더 나눈 것이 A2(420 × 594), 또 한 번 자른 것이 A3(297 × 420), A3의 절반이 A4(210 × 297)다. A4는 원지를 4번 접은 크기인 셈이다. 이 종이들의 가로 세로 비율은 모두 약 1 : 1.414, 그러니까 1 : $\sqrt{2}$ 이다. 이때 세로를 반으로 가르면 그 비율이 1 : $\frac{\sqrt{2}}{2}$ = $\sqrt{2}$: 1이 되므로, 짧은 변과 긴 변의 비가 항상 같다는 것을 알 수 있다. 그러니 몇 번을 접든 간에 모양을 다시 맞추기 위해 추가로 잘라서 버리는 부분, 즉 낭비되는 종이가 없게 된다.

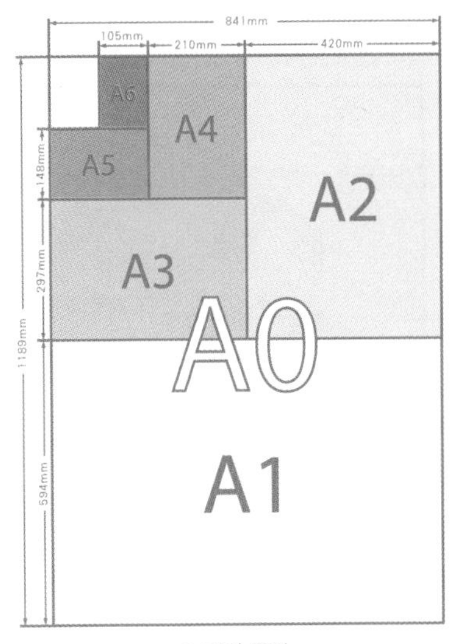

A 계열 종이

● 종이를 절약하기 위해.

Question 신문에 가장 많이 나오는 숫자.

1939년 미국의 전기공학자이자 물리학자인 프랭크 벤퍼드Frank Benford, 1883~1948는 도시 인구 통계를 검토하다 숫자 1이 많다는 사실을 발견했다. 그는 이런 현상이 스포츠 경기 결과와 주가 지수에도 잘 들어맞는다는 걸 확인했는데, 이를 '벤퍼드의 법칙'이라 한다.

특정 규칙을 미리 정하거나 범위를 제한하지 않으면, 벤퍼드의 법칙은 숫자가 등장하는 거의 모든 상황에 적용할 수 있다고 알려져 있다. 어떤 수의 첫 자리가 N이라는 숫자로 시작할 확률은 이렇다.

$$\log(N+1) - \log(N)$$

여기서 'log'는 상용로그다.

이를 이용해 1부터 9가 첫 자리에 올 확률을 계산하면 다음과 같다.

첫 자리 수	나올 확률(%)
1	30
2	18
3	12
4	10
5	8
6	7
7	6
8	5
9	4

벤퍼드의 법칙.

관람료는 얼마나 오른 것일까.

가격이 얼마나 올랐는지를 퍼센트로 계산하는 것과, 작년과 올해의 가격 상승률을 비교하면서 얼마나 올랐는지를 따지는 것은 얼핏 비슷한 문제일 것이라 생각하기 쉽다. 하지만 실제로는 그 성격이 엄연히 다르다.

가격이 오른 정도(퍼센트)는 다음과 같이 계산하여 구한다.

$$가격\ 상승률 = \frac{현재\ 가격 - 이전\ 가격}{이전\ 가격} \times 100$$

한편 두 가지 상승률이 얼마나 차이 나는지를 말할 때는 '퍼센트포인트'라는 단위를 쓴다.

예를 들어 귤이 작년에는 200원이었다가 올해 210원이 되었다면 가격 상승률은 5퍼센트다($\frac{210 - 200}{200} \times 100$). 그런데 작년에는 그 전해보다 귤값이 4퍼센트 올랐다면, 다시 말해 작년의 귤값 상승률이 4퍼센트였다면, "작년에 비해 올해 귤값 상승률이 1퍼센트포인트 늘었다(5퍼센트 – 4퍼센트)"고 한다. 실제 가격이 얼마나 올랐는지를 말할 때는 퍼센트를 쓰지만, 이런 퍼센트가 얼마나 변했는지를 언급할 때는 퍼센트포인트를 사용해야 하는 것이다.

그러니 미스터 퐁이 올해 받아 든 영화 관람료가 작년보다 6퍼센트 올랐는데, 작년에는 재작년에 비해 3퍼센트 올랐던 것이라면, 이때는 "관람료 상승률이 3퍼센트포인트 늘었다"고 지적해야 맞다. 두 사람 모두 '실제 관람료'와 '관람료 상승률'을 혼동하고 있다.

"관람료 상승률이 3퍼센트포인트 늘었다"고 해야 한다.

Question

의자가 똑바르다는 것을 증명할 방법은.

고대 바빌로니아인과 이집트인들은 삼각형의 세 변의 비가 3 : 4 : 5이면 직각 삼각형이 된다는 사실을 경험으로 터득하고 있었다. 그러나 당시에는 그것을 증명하지 못했다. 이를 수학적으로 당당히 입증한 것은 그리스의 피타고라스Pythagoras, BC 570?~495?였다. 바빌로니아와 이집트 사람들이 1천 년 앞서 이 사실을 알고 있었음에도 이를 '피타고라스 정리'라 부르는 것은 바로 이 때문이다.

피타고라스 정리는 이렇게 표현할 수 있다.

> 직각을 이루는 두 변의 제곱의 합은 대변對邊의 제곱과 같다.

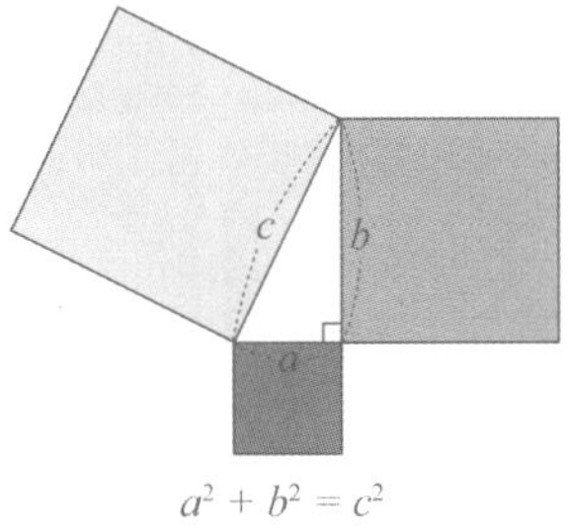

$a^2 + b^2 = c^2$

미스터 퐁이 의자 팔걸이의 길이와 등받이의 폭, 그리고 대각선의 길이를 재서, 그 관계가 피타고라스 정리에 들어맞으면 직각이고 그러지 않으면 직각이 아니다. 예를 들어 팔걸이가 30센티미터, 등받이가 40센티미터, 대각선이 50센티미터라면 '$30^2 + 40^2 = 900 + 1600 = 2500 = 50^2$'이므로 모서리는 직각이다.

피타고라스의 정리를 이용한다.

Question — 물 4킬로그램을 올려라.

주인공은 물 4킬로그램을 어떻게 저울에 올릴 수 있을까?

3킬로그램과 5킬로그램짜리 물통을 사용해 물 4킬로그램을 만드는 방법은 다음과 같다.

1. 5킬로그램 물통에 물을 가득 채운다.

2. 5킬로그램 물통의 물을 3킬로그램 물통에 가득 붓는다. 5킬로그램 물통에 2킬로그램의 물이 남는다.

3. 3킬로그램 물통의 물을 버려 물통을 비운다.

4. 5킬로그램 물통의 남은 물 2킬로그램을 3킬로그램 물통에 붓는다. 5킬로그램 물통은 비어 있고, 3킬로그램 물통에는 1킬로그램의 여유가 있다.

5. 5킬로그램 물통에 물을 가득 붓는다.

6. 5킬로그램 물통의 물로 3킬로그램 물통을 가득 채운다. 5킬로그램 물통에서 1킬로그램이 빠져나갔으니 정확히 4킬로그램의 물이 남는다.

물을 여섯 번 따르면 4킬로그램을 만들 수 있다.

Question — 선택을 바꾸는 것이 유리할까?

그럼 노란 문을 일단 열어 볼까요? 오오!! 노란 문은 다행히 꽝이네요!! 자! 처음 답을 유지하셔도 되고 답을 바꾸셔도 됩니다. 어떻게 하시겠습니까?

우선 미스터 퐁이 빨간 문이었던 선택을 유지하는 경우에는 이렇다.

빨간 문	노란 문	파란 문	결과
관람권	×	×	당첨
×	관람권	×	꽝
×	×	관람권	꽝

당첨 확률이 $\frac{1}{3}$이다(방금 사회자는 노란 문을 열었지만, 노란 문 뒤에 관람권이 있더라도 파란 문을 열어 보이면 그만이니 확률은 마찬가지다). 그럼 선택을 바꾼다면 어떻게 될까? 실제로 빨간 문 뒤에 관람권이 있다면 결과는 '꽝'이 된다. 하지만 파란 문이 정답이라면 사회자는 먼저 노란 문을 열어 보일 수밖에 없다. 그러니 미스터 퐁이 생각을 바꿔 파란 문을 지목하면 당첨된다. 노란 문이 답인 경우에도 사회자가 파란 문을 열 것이므로, 마찬가지로 관람권을 얻게 된다.

빨간 문	노란 문	파란 문	결과
관람권	×	×	꽝
×	관람권	×	당첨
×	×	관람권	당첨

이처럼 선택을 바꾸는 경우 당첨 확률이 $\frac{2}{3}$로 높아진다.

이러한 선택의 문제를 미국의 텔레비전 게임 쇼 〈거래를 합시다Let's Make a Deal〉의 진행자인 몬티 홀Monty Hall, 1921~ 의 이름을 따 '몬티 홀 문제'라 부른다.

1. 선택을 바꾸는 것이 유리하다.

Question — 안경 고르기。

우리 눈은 빛을 받아들인다. 이때 빛은 안구 앞쪽에 있는 수정체를 거치며 굴절되어 들어오다가 뒤쪽에 자리한 망막에서 초점을 맺는다. 이 초점에서 맺힌 상은 망막에서 전기 신호로 바뀌어 뇌로 전달된다. 그런데 수정체와 망막 사이의 거리가 너무 멀거나 가까우면 선명한 상을 볼 수 없다. 초점이 망막보다 뒤쪽에 있으면 원시, 앞쪽에 있으면 미스터 퐁처럼 근시가 된다.

안경은 이렇게 시력이 좋지 않은 눈의 초점 거리를 조정해 주는 도구이다. 근시인 경우에는 상이 맺히는 초점을 좀 더 뒤로 보내 주어야 하므로, 아래 그림과 같이 눈으로 들어올 빛을 분산시키는 오목 렌즈를 이용한다.

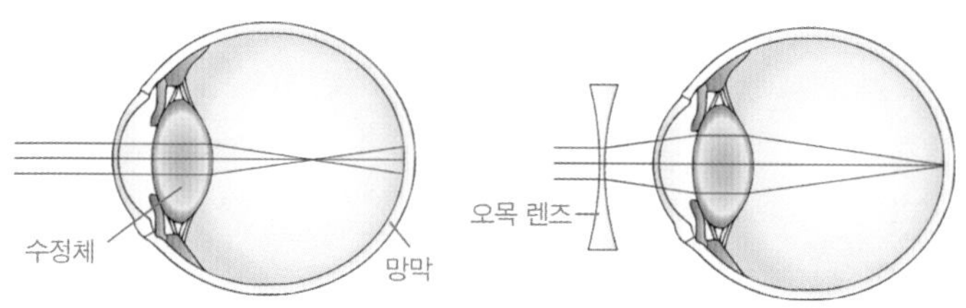

오목 렌즈는 가운데가 얇고 가장자리로 갈수록 두꺼워진다. 그러니 안경테가 커질수록 그만큼 더 두꺼운 렌즈를 끼우는 셈이어서 이래저래 불편해지게 마련이다. 한편 요즘에는 굴절률이 높은 렌즈가 개발되어 예전보다 더 얇은 안경으로도 좋은 시력 개선 효과를 얻을 수 있다.

근시 안경은 알이 커질수록 가장자리가 두꺼워지기 때문이다.

Question — 알 수 없는 속삭임。

수학적으로 타원을 이렇게 정의한다.

“두 점으로부터 거리의 합이 일정한 점의 자취.”

여기서 두 점을 타원의 초점이라 한다.

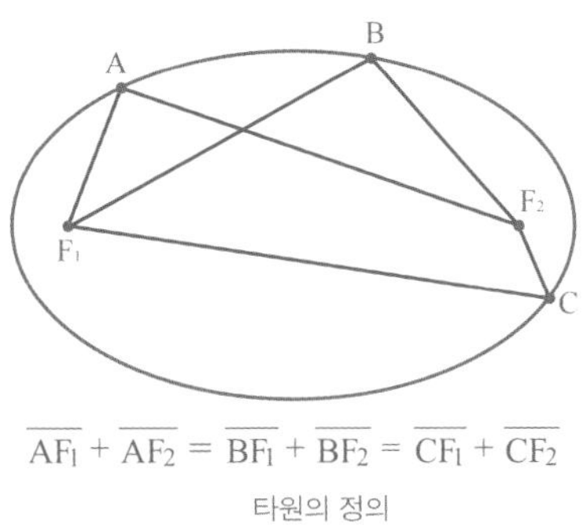

$$\overline{AF_1} + \overline{AF_2} = \overline{BF_1} + \overline{BF_2} = \overline{CF_1} + \overline{CF_2}$$

타원의 정의

타원처럼 생긴 공간의 한 초점에서 음파를 발사하면 사방의 벽에 부딪힌 후 다른 초점에 가 닿는다. 그러니 식당의 천장이 타원형인 경우, 미스터 퐁과 여자 친구가 이 타원의 한 초점에 앉아 있다면 다른 초점에 앉아 있는 사람들의 작은 속삭임까지 천장에 반사돼 또렷하게 들린다.

영국 런던의 세인트 폴 대성당은 이런 ‘속삭이는 회랑’으로 유명하다.

천장이 타원형인 식당의 한 초점에 앉아 있기 때문이다.

수학 지식 파고들기 —

쇼핑의 과학

요즘에는 영화관이 백화점이나 복합 쇼핑몰과 같은 건물에 함께 들어가 있는 경우가 많다. 이런 백화점, 쇼핑몰 운영자는 구매자를 유혹하기 위해 갖가지 묘안을 내놓는다. 백화점 1층에는 대부분 화장품 코너가 들어서 있다. 아름다운 분위기를 창출하고 향긋한 냄새를 풍겨 손님에게 좋은 느낌을 주려는 의도에서다.

식료품 코너로 내려가면 맛있는 냄새가 소비자의 코를 물씬 자극한다. 갓 구운 빵을 내놓거나 갓 볶은 커피를 진열해 구매욕을 불러일으키는 것이다. 냄새의 영향력은 먹는 것에만 국한되지 않는다. 여성 의류 매장에 복숭아 향을 뿌렸더니 매출이 20퍼센트 가까이 증가했다는 보고도 있다.

프랑스 파리의 갤러리 라파예트 백화점에 설치된
거대하고 화려한 크리스마스트리

색도 소비자의 지갑을 여는 데 크게 기여한다. 파랑이나 초록보다 빨강 같은 정열적인 색이 구매욕을 월등히 돋운다. 산타클로스가 초록색이나 파란색 옷을 입고 있다고 생각해 보라. 왠지 어색해 보이지 않겠는가?

음악도 무시할 수 없는 요소다. 느긋한 이지 리스닝 곡을 틀면 고객은 편안함을 느껴 매장을 금세 떠나려 하지 않는다. 고객이 오래 머물러 있을수록 판매는 자연스레 늘어나게 마련이다. 듣기 편한 곡인지 아닌지에 따라 매출이 크게는 40퍼센트 가까이 차이 나는 것으로 알려져 있다. 고가 상품을 진열한 곳에서는 클래식 음악을 틀면 판매가 는다. 예를 들어 포도주 매장에 클래식 음악이 흐르면 고가 포도주가 잘 팔린다고 한다. 크리스마스 때 상점에서 흘러나오는 신나는 캐럴은 축제 분위기를 이끌어 매상이 오르는 데 일조한다.

주 고객이 남성인지 여성인지에 따라 매장 분위기도 다르게 꾸민다. 남성은 아이쇼핑을 즐기지 않고 필요한 물건을 즉각 구입하는 경우가 대다수여서 매장의 진열 상태에는 그다지 큰 흥미를 보이지 않는다. 대신 조언을 해 줄 사람을 원하는 까닭에 남성 고객을 겨냥하는 매장은 상품 진열에 신경 쓰기보다는 여성 점원을 한두 명 더 두어 구매 결정을 돕는 게 좋다고 한다. 반면 여성은 그 반대여서 물건을 직접 눈으로 실컷 감상하고 손으로 마음껏 만져 보는 과정을 즐기기 때문에 여성 용품 매장은 세련된 매장 연출이 무엇보다 중요하다고 한다.

지진은 얼마나 멀리서 왔을까.

지진이 최초로 발생한 지점을 진원이라고 한다. 물체가 진동하면 파동이 전달되듯, 지진이 일면 지진파가 진원에서 다른 곳으로 이동한다. 지진파는 중심파(지구 내부를 통과하는 파)와 표면파(지표를 따라 이동하는 파. L파)로 구분되고, 중심파는 다시 P파와 S파로 나뉜다. 지진파를 기록지에 받아 보면 빠르기대로 P, S, L파의 순서로 찍힌다. P파가 도달한 후 S파가 도달할 때까지의 시간을 초기 미동 계속 시간(PS시)이라 한다. 지진파의 이런 속도 차이를 이용하여 진원까지의 거리를 알아낼 수 있다.

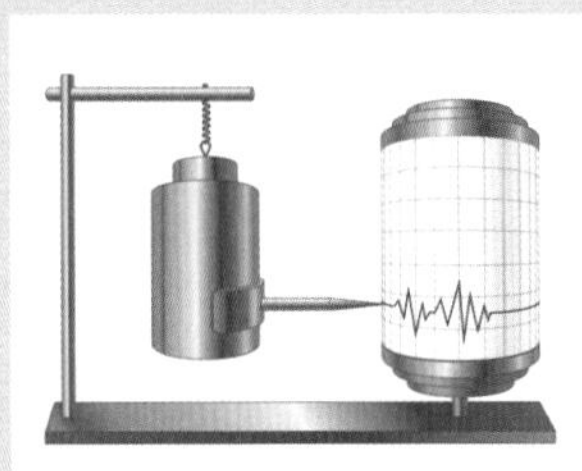

지진계

등속 운동에서 속력은 이렇게 구한다.

$$속력 = \frac{거리}{시간}$$

이 식을 시간에 대해 정리하면 '시간 = $\frac{거리}{속력}$'가 된다. 그렇다면 P파와 S파가 각각 관측소까지 오는 데 걸린 시간(각각 T_p와 T_s)은 다음과 같다.

$$T_p = \frac{d}{V_p}$$
$$T_s = \frac{d}{V_s}$$

여기서 d는 관측소에서 진원까지의 거리, V_p는 P파의 속도, V_s는 S파의 속도다. PS시는 P파가 도달한 후 S파가 도달할 때까지 걸린 시간이므로 다음과 같다.

$$\text{PS시} = T_s - T_p = \frac{d}{V_s} - \frac{d}{V_p} = \frac{dV_p}{V_pV_s} - \frac{dV_s}{V_pV_s} = \frac{dV_p - dV_s}{V_pV_s}$$
$$= \frac{d(V_p - V_s)}{V_pV_s}$$

이를 다시 d에 대해 정리해 보자.

$$d = \text{PS시} \times \frac{V_pV_s}{V_p - V_s}$$

이제 이 식에 지진파 그래프에 나타난 PS시, 그리고 P파와 S파의 속도를 대입하면 진원까지의 거리를 손쉽게 구할 수 있다.

예컨대 어떤 관측소에서 측정된 PS시가 15초였다고 하자. P파와 S파의 속도가 각각 약 7km/s, 4km/s라고 가정하면, 진원까지의 거리는 이렇다.

$$d = 15s \times \frac{7km/s \times 4km/s}{7km/s - 4km/s} = 140km$$

따라서 이 지진은 관측소에서 약 140킬로미터 떨어진 지점에서 발생했다는 것을 알 수 있다.

6장 —

미스터 퐁
파티에 초대받다

Question — 건물에 4층이 없다.

우리나라 말에는 한자어가 많다. '사'도 그러한 글자 가운데 하나로, 여러 가지 한자들이 이에 해당한다. '넷'이라는 의미의 사四, '선비'라는 의미의 사士, '생각한다'는 의미의 사思가 있다. 또 '죽음'을 의미하는 사死도 있는데, 그다지 밝은 분위기를 자아내는 글자는 아니다. 그래서 이것과 발음이 같은 숫자 4가 기피 대상이 되기도 한다. 예를 들어 4층 이상짜리 건물이나 병원 중에는 3층 위에 있는 층을 곧바로 5층이라고 표기하는 곳들이 있다.

반면 서양에서는 예부터 4라는 수를 좋게 보았다. 피타고라스는 수를 존숭한 사람으로 유명한데, 그는 4가 있음으로써 10이라는 완벽한 수가 가능하다고 역설했다(1 + 2 + 3 + 4 = 10).

엠페도클레스Empedocles, BC 490?~430는 이 세상이 물, 불, 흙, 공기라는 4가지 기본 원소로 이루어져 있다는 '4원소설'을 주장했고, 아리스토텔레스Aristoteles, BC 384~322는 이 학설을 완성했다. 그리고 플라톤Platon, BC 428?~347?은 이들 4원소를 다면체와 연결시켜, 불은 정사면체, 흙은 정육면체, 공기는 정팔면체, 물은 정이십면체와 연관돼 있다고 보았다.

4를 불길한 수로 여기기 때문이다.

Question — 이상적인 조각상의 비율。

고대 그리스의 대표적 예술품인 파르테논 신전은 기원전 5세기에 아테네의 수호신 아테나에게 바치기 위해 세운 건축물로, 일정한 비율에 따라 지은 것으로 유명하다. 예컨대 성소 안치실은 폭이 19.2미터, 길이가 29.8미터이니 비율이 1 : 1.55다. 그리스인들은 이와 비슷한 1 : 1.62의 비율로 예술 작품을 만들었을 때 가장 아름답게 보인다는 사실을 알아냈다. 이것을 황금비 또는 황금 분할이라 한다.

황금비는 이집트의 피라미드라든가 르네상스 거장 레오나르도 다빈치Leonardo da Vinci, 1452~1519와 미켈란젤로Michelangelo Buonarroti, 1475~1564의 예술 작품에도 담겨 있다. 이탈리아 성직자 루카 파촐리Luca Pacioli, 1445~1517는 비례에 관한 저서에서 황금비를 '신성한 비율'이라 일컫기도 했다.

인체 조각상의 상체와 하체의 황금비는 1 : 1.62이다.

Question — 반생반사。

"절반쯤 산 사람과 절반쯤 죽은 사람은 동일 인물이다"라고 가정하면, '반생半生 = 반사半死'라 표현할 수 있고, 이는 곧 '$\frac{\text{생}}{2} = \frac{\text{사}}{2}$'가 된다. 이 등식의 양변에 2를 곱하면 '생 = 사'가 되어 죽은 사람과 산 사람이 같아진다. 이것이 미스터 퐁이 증명한 방법이다.

이는 심오한 선문답으로 본다면 제법 그럴싸해도, 상식으로는 받아들이기 어려운 결과다. 그렇다면 어떻게 이런 괴상한 결론이 나올 수 있었을까?

가정부터 잘못되었기 때문이다. 첫 단추를 잘 끼워야 하듯, 증명도 마찬가지여서 시작이 중요하다. 그런데 미스터 퐁이 세운 "절반쯤 산 사람과 절반쯤 죽은 사람은 동일 인물이다"라는 가정은 비현실적이다. 그러니 중간 과정은 수학적으로 모순이 없더라도 어처구니없는 결과가 도출될 수밖에 없는 것이다. 수학에서 올바른 가정을 세우는 일이 왜 중요한지 이 해프닝이 잘 보여 주고 있다.

증명하는 과정의 출발점부터 잘못되었기 때문이다.

Question — 돌잔치의 황금 돼지。

양팔 저울은 무게 중심을 이용해 질량을 잰다. 막대 양쪽에 있는 접시에 각각 분동과 물체를 올리면서, 무게가 서로 같아지면 막대가 수평을 이루는 원리를 이용한다.

양팔 저울과 1그램, 3그램, 9그램, 27그램짜리 분동으로 25그램을 재는 방법은 이렇다.

1. 양팔 저울의 왼쪽 접시에 1그램과 27그램짜리 분동을 올려놓는다. 왼쪽 접시에 얹힌 무게는 28그램이다.

2. 오른쪽 접시에 3그램짜리 분동을 얹는다. 왼쪽이 오른쪽보다 무게가 25그램 더 나간다.

3. 오른쪽 접시에 순금을 조금씩 얹는다.

4. 막대가 정확히 수평을 이루는 순간, 오른쪽 접시에 쌓인 순금의 무게가 25그램이다.

1그램, 3그램, 9그램, 27그램의 4가지 분동을 이용하면 1그램에서 40그램까지 정수에 해당하는 무게를 모두 잴 수 있다.

왼쪽 접시에 1그램과 27그램 분동을 올리고, 오른쪽 접시에 3그램 분동을 얹은 후 수평을 이룰 때까지 순금을 쌓는다.

Question — 케이크 삼등분。

이것은 눈금이 없는 자와 컴퍼스만으로 어떤 각도를 삼등분할 수 있는가와 마찬가지 문제가 된다. 고대 그리스의 내로라하는 학자들이 임의의 각을 삼등분하는 문제에 도전했다. 히피아스Hippias와 아르키메데스가 성공을 거두긴 했으나, 눈금이 없는 자와 컴퍼스만으로 작도하는 데는 실패했다. 그 후로도 수많은 학자가 이 문제에 매달린 끝에, 19세기에 들어서야 프랑스 수학자 방젤Pierre-Laurent Wantzel, 1814~1848이 실마리를 내놓았다.

"각의 삼등분 문제는 방정식과 연관이 있다. 이 문제를 방정식으로 표현했을 때 1차와 2차 방정식 형태면 모든 각을 삼등분하는 게 가능하지만 3차 이상의 방정식이면 불가능하다."

수학자들이 이를 방정식으로 바꿔 보니 결과는 3차 방정식이었다. 각의 삼등분은 풀 수 없는 문제인 것이었다.

눈금이 없는 자와 컴퍼스만으로 작도가 불가능한 문제는 그 밖에도 '어떤 원과 동일한 넓이를 갖는 정사각형의 작도'와 '어떤 정육면체의 두 배 부피를 갖는 정육면체의 작도'가 있는데, 이를 '수학의 3대 작도 불능 문제'라고 한다.

불가능하다.

Question — 소문은 얼마나 빨리 퍼질까.

비밀을 전해 듣는 사람이 겨우 세 사람씩이니 몇 명 되지 않을 거라 예상할 수도 있겠으나, 실제로는 다음처럼 기하급수적으로 빠르게 퍼져 나간다.

> 1시간 후 비밀을 전해 듣는 사람: 3명
>
> 3시간 후: 27명(3 × 3 × 3)
>
> 6시간 후: 729명(3 × 3 × 3 × 3 × 3 × 3 = 3^6)
>
> 17시간 후: 1억 명 이상(3^{17} = 129,140,163)
>
> 19시간 후: 10억 명 이상(3^{19} = 1,162,261,467)
>
> 21시간 후: 100억 명 이상(3^{21} = 10,460,353,203)

하루 24시간이 다 가기도 전에 대한민국 인구를 넘어 지구인 모두 그 소문을 알게 되는 것이다.

여기서 소문을 전해 듣는 사람의 수는 3씩 곱해지면서 증가하는데, 이것을 '확산 계수'라 한다. 확산 계수가 1보다 작으면, 곧 비밀을 듣는 사람이 한 사람 미만이면 소문은 퍼져 나가지 않고 이내 잦아들게 된다.

1. 그렇다.

Question — 벽돌을 길게 쌓으려면.

미스터 퐁이 우승하려면 어떤 원리로 벽돌을 쌓아야 할까?
단, 벽돌의 크기와 무게, 밀도는 일정하며 재질도 고르다고 가정한다.

밀도가 일정한 직육면체의 한가운데 지점을 기준으로 한 양쪽의 무게는 서로 같다. 이 지점이 곧 직육면체의 무게 중심이다. 무게 중심은 전체 무게가 한곳에 모인 점이라고도 볼 수 있다. 그래서 무게 중심을 잘 찾아 받쳐 주면 기울지 않게 할 수 있다.

벽돌 2개를 쌓을 때는, 위 벽돌이 그 무게 중심인 중간 지점까지 삐져나오게 해도 된다. 그러나 그 이상을 넘으면 무게 중심이 아래 벽돌의 밖으로 나가 버리므로 균형을 잡지 못하고 떨어진다.

벽돌 3개를 쌓을 때는, 우선 위에 올릴 벽돌 2개를 조금 전과 똑같은 방법으로 쌓는다. 그다음 이 두 벽돌을 하나의 벽돌로 간주하고 그 무게 중심을 찾는다. 이때는 두 벽돌이 맞닿아 있는 표면의 한가운데가 된다. 그리고 이 점이 맨 아래 벽돌 끝을 넘어가지 않도록 조금씩 움직인다.

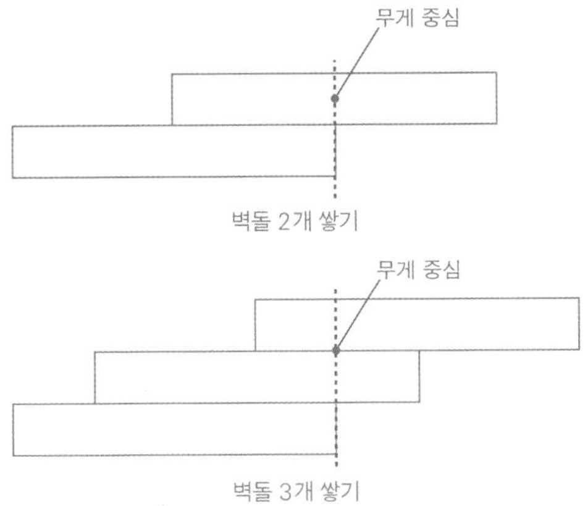

위에 놓인 두 벽돌의 무게 중심이 맨 밑 벽돌을 벗어나지 않게 한다.

인공 지능 컴퓨터 이름의 유래。

미국의 영화감독 스탠리 큐브릭Stanley Kubrick, 1928~1999은 1968년에 〈2001 스페이스 오디세이〉를 세상에 내놓았다. 각본은 큐브릭과 SF(과학 소설)계의 거장 아서 C. 클라크Arthur C. Clarke, 1917~2008가 공동으로 썼고, 영화가 나오자마자 클라크는 이를 소설책으로 출판했다.

사람들은 이 영화에서 중요한 역할을 하는 인공 지능 컴퓨터의 이름인 할HAL이 어디서 나왔을까 궁금해했다. 그러다가 이것이 사실은 IBM을 뜻하는 것이라는 주장이 나왔다. 알파벳에서 H와 A와 L의 다음 글자는 각각 I, B, M이다. 당시 IBM은 세계 최대의 컴퓨터 회사였다. 그러니 미래에 할과 같은 첨단 컴퓨터를 제작하는 일은 IBM만이 해낼 수 있으리라 상상했던 것도 어찌 보면 당연하다. 이렇게 IBM을 할로 위장하는 것은 초보적인 암호화 기법이다.

하지만 정작 클라크는 이를 부인하면서 HAL이 'Heuristically programmed ALgorithmic computer(자기 학습적으로 프로그래밍된 알고리즘 컴퓨터)'의 약자라고 밝혔다.

IBM 컴퓨터 회사.

Question — 가장 넓은 양어장 모양은.

둘레만 같다면 어떤 모양으로 만들든 상관없을 듯싶기도 하지만, 실제로는 형태에 따라 면적이 달라진다. 둘레가 일정할 때 면적이 가장 넓은 것은 원이다. 그리고 정사각형이 정삼각형보다 넓다.

원의 면적 > 정사각형의 면적 > 정삼각형의 면적

이 계산 결과는 6장 끝 168~169쪽에 자세히 설명해 놓았다.

- **둘레가 같을 때 면적이 최대인 도형은 원이다.**

Question — 백화점 엘리베이터를 찾아서.

백화점의 물건은 소비자가 구경만 하라고 진열해 놓은 것이 아니다. 모두 팔려고 내놓은 것들이다. 그래서 백화점 측에선 구매욕을 한껏 끌어올릴 수 있게 매장을 꾸미고 상품을 진열한다. 하지만 이렇게 정성을 기울여도 소비자가 상품을 보지 못하거나, 보더라도 그 시간이 짧다면 판매량은 늘지 않는다. 그래서 고객이 매장에 오래 머물며 곳곳을 둘러보도록 아이디어를 낸다.

엘리베이터는 위층과 아래층을 금방 오가게 해 주니 고객에게는 편리한 이동 수단이나, 백화점 입장에서는 고객이 물건을 마주할 시간을 단축하는 셈이어서 매출 증대에 도움이 되지 않는다. 그러니 엘리베이터를 백화점의 외진 곳에 두는 것이다. 반면 에스컬레이터는 눈에 잘 띄는 곳에 설치한다. 에스컬레이터를 타고 오르내리면서 매장을 오래도록 둘러보라는 의도다.

고객이 백화점에서 머무는 시간을 길게 하기 위해.

각의 이등분과 90도의 삼등분.

눈금이 없는 자와 컴퍼스만으로 임의의 각을 삼등분하는 것은 가능하지 않음을 155쪽에서 알아보았다. 그렇다면 이 도구들로 각을 이등분하는 것은 어떨까? 이것은 가능하며, 그 과정은 다음과 같다.

1. 각의 중심(O)에 컴퍼스를 대고 호를 그린다. 선분 OA, OB와 각각 만나는 점 C, D가 생긴다.

2. 점 C와 D를 중심으로 하며 반지름이 같은 두 호를 각 AOB 안에 그린다. 두 호가 만나는 점 E가 생긴다.

3. 자를 대고 점 E와 O를 이으면 각 AOB가 이등분된다.

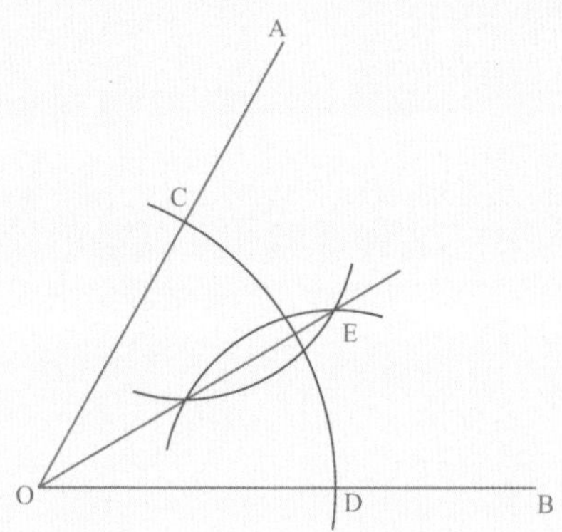

그리고 임의의 각을 삼등분하기는 불가능해도, 예외로 특수각인 90도의 삼등분은 다음처럼 가능하다.

1. 각의 중심(O)에 컴퍼스를 대고 호를 그린다. 선분 OA, OB와 각각 만나는 점 X, Y가 생긴다.

2. 컴퍼스의 폭을 똑같이 둔 상태에서 X와 Y를 중심으로 하는 호를 각각 그린다. 이 두 호와 호 XY가 만나는 점 E와 F가 생긴다.

3. 자를 대고 E, F를 각각 O와 이으면 직각 AOB가 삼등분된다.

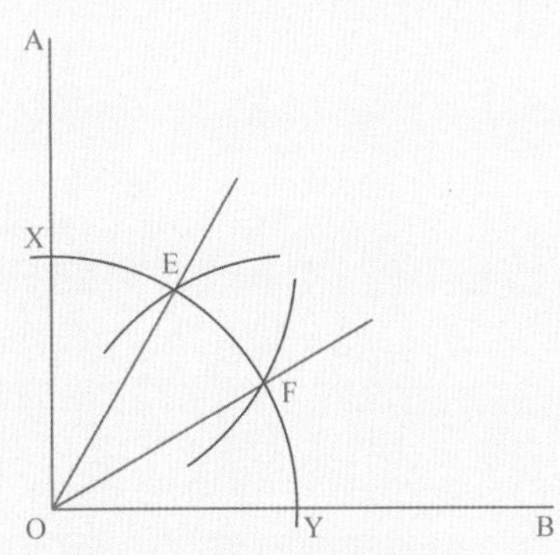

수학 지식 파고들기 —

양어장 면적 계산

양어장 둘레가 L로 일정한 경우, 원형, 정사각형, 정삼각형으로 만들었을 때의 넓이를 차례로 계산해 보자.

1) 원형 양어장

원의 반지름을 r이라 하면 둘레 L은 $2\pi r$이다.

$$L = 2\pi r$$
$$r = \frac{L}{2\pi}$$

원의 넓이를 구하는 공식에 이 값을 대입해 보자.

$$\text{원의 넓이} = \pi r^2 = \pi \times \left(\frac{L}{2\pi}\right)^2 = \frac{L^2}{4\pi}$$

2) 정사각형 양어장

정사각형의 한 변의 길이를 a라고 하면, 둘레 L은 $4a$이다. 따라서 '$a = \frac{L}{4}$'이 된다.

정사각형의 넓이를 구하는 공식에 이를 대입해 보자.

$$\text{정사각형의 넓이} = \frac{L}{4} \times \frac{L}{4} = \frac{L^2}{16}$$

3) 정삼각형 양어장

정삼각형의 한 변의 길이를 b라고 하면, 둘레 L은 $3b$이다. 따라서 '$b = \frac{L}{3}$'이다. 정삼각형의 높이는 피타고라스 정리에 의해 $\frac{\sqrt{3}}{2}b$이므로, b에 $\frac{L}{3}$ 값을 넣어 $\frac{\sqrt{3}}{6}L$로 고쳐 쓸 수 있다.

이 값들을 정삼각형의 넓이 공식인 '$\frac{1}{2}$ × 밑변 × 높이'에 대입해 보자.

$$\text{정삼각형의 넓이} = \frac{1}{2} \times \frac{L}{3} \times \frac{\sqrt{3}}{6}L = \frac{\sqrt{3}}{36}L^2$$

원 양어장의 면적 $\frac{L^2}{4\pi} \fallingdotseq 0.0796L^2$

정사각형 양어장의 면적 $\frac{L^2}{16} = 0.0625L^2$

정삼각형 양어장의 면적 $\frac{\sqrt{3}}{36}L^2 \fallingdotseq 0.0481L^2$

이 중 가장 큰 값은 원이므로, 양어장을 원형으로 만들 때 가장 넓은 면적이 나온다는 것을 확인할 수 있다.

별까지의 거리 계산하기.

별까지의 거리를 어떻게 구할까? 지구에서 바라보는 별의 위치는 변한다. 예를 들어 지구가 A에 있을 때 별의 위치가 A′이라면, 6개월 후 지구가 B의 위치에 오면 별은 B′으로 옮겨 간다. 이는 지구가 태양 주위를 공전하기 때문에 발생하는 현상이다. 이때 지구와 별과 태양이 형성하는 각 P를 별의 '연주 시차年周視差'라 한다.

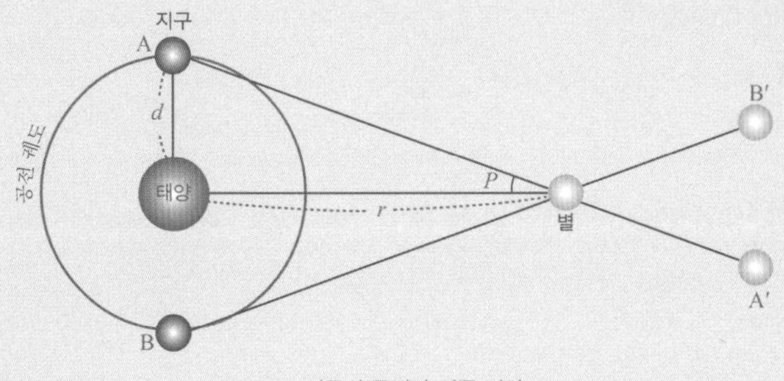

지구의 공전과 연주 시차

그러면 이 연주 시차를 이용해 별까지의 거리를 계산해 보자.

실제로 연주 시차는 대부분 1도(°)의 수백에서 수천분의 1에 불과하다. 1도도 작은데 그보다 수백에서 수천분의 1에 불과한 각을 측정하려면 어려움은 이루 말할 수 없다. 그래서 옛 학자들은 연주 시차를 측정하고 싶어도 할 수 없었다.

연주 시차 P에 대응하는 변을 d라고 하면, d를 곡선이라 봐도 무방하다. 왜냐하면 곡선을 아주 잘게 나눈 부분은 직선이나 마찬가지이기 때문이다. 그래서 별과 태양과 지구를 잇는 삼각형은 '별과 태양과 지구를 연결하는 부채꼴'로 봐도 무리가 없다. 이 부채꼴에서 다음과 같은 비례식을 얻을 수 있다.

$$P\,(^\circ) : 360 = d : 2\pi r$$

연주 시차는 너무 작은 각도이니 이를 초(″) 단위로 고치자. 초 단위의 연주 시차를 Q라고 할 때, 1도는 3600초이므로, 위 식을 고치면 다음과 같다.

$$Q\,('') : 360 \times 3600 = d : 2\pi r$$

이것을 r에 대해 정리하고, 지구에서 태양까지의 거리 1.5×10^8km를 d에 대입해 보자.

$$2\pi r Q = 360 \times 3600 d$$

$$r = \frac{1296000d}{2\pi Q}$$

$$r = \frac{1296000 \times (1.5 \times 10^8\text{km})}{2\pi Q}$$

$$r \fallingdotseq \frac{3.09 \times 10^{13}\text{km}}{Q} \quad \text{—— ①}$$

연주 시차와 거리에 대한 이 공식을 이용하면 별까지의 거리를 쉽게 구할 수 있다.

한편 연주 시차가 1초인 별까지의 거리를 1파섹(pc)이라고 정의한다. 식 ①의 Q에 1(″)을 대입하면 '$1\text{pc} = 3.09 \times 10^{13}\text{km}$'가 된다. 따라서 식 ①을 이렇게 바꿔 쓸 수 있다.

$$r = \frac{1}{Q}\ (\text{pc})$$

즉, 파섹 단위로 나타내는 별까지의 거리는 연주 시차의 역수이다.

그러면 예를 들어 연주 시차가 0.38초인 시리우스까지의 거리는 다음과 같다.

$$r = \frac{1}{0.38} \fallingdotseq 2.63\ (\text{pc})$$

연주 시차가 0.01초 이하인 별은 그 값이 너무 작아 현재의 관측 기술로도 오차가 커서 측정이 쉽지 않다.

7장 —

미스터 퐁은 여행 중

Question — 건전지의 위아래를 뭐라고 불러야 할까。

플러스plus는 '더하다', '추가하다'라는 뜻으로, 기호로는 '+'를 사용한다. 마이너스minus는 '빼다', '덜어 내다'라는 의미로, '-'로 표시한다. 수학에서 덧셈과 뺄셈을 할 때 쓰는 부호가 이 '+'와 '-'라는 것은 누구나 알고 있다.

그런데 '+'와 '-'는 건전지 양 끝에도 있다. 우리는 수학을 통해 익숙해진 명칭을 떠올리며 이를 플러스와 마이너스라 부르곤 한다.

그러나 이는 적절한 표현이 아니다. 건전지의 '+'와 '-'는 더해서 증가하고, 빼서 감소한다는 뜻이 아니라 '왼손과 오른손'처럼 반대를 의미하는 기호이기 때문이다. 이를 각각 양극(+)과 음극(-)이라 부르며, 영어로는 포지티브positive와 네거티브negative라고 한다.

양극과 음극, 또는 포지티브와 네거티브라 해야 한다.

Question — 비를 적게 맞는 법.

이 문제를 해결하기 위해선 평균적 개념을 고려해야 하는데, 이때 두 가지 전제 조건이 필요하다.

하나는 비가 사방에 고르게 내린다는 것이다. 예를 들어 한반도 전역에 비가 온다면 경기도에는 장대비가, 경상도에는 가랑비가 내릴 수 있지만, 범위를 내가 지금 서 있는 곳 주변으로 좁히면 빗방울은 고르게 떨어진다고 보는 게 합리적이다. 이를테면 왼쪽에는 거세게, 오른쪽에는 약하게 떨어진다든가, 앞쪽에만 비가 내리지 않는 상황은 좀처럼 일어나지 않는다.

또 하나는 짧은 시간 범위 안에서는 빗방울이 일정하게, 다시 말해 조금 전이든 잠시 후든 똑같은 정도로 내린다는 것이다. 걸을 땐 억세게 퍼붓다가, 달리면 약해지는 상황은 거의 발생하지 않는다.

이런 가정 아래 살피면, 이 문제에서 중요한 것은 결국 시간의 길이가 된다. 비를 오래 맞을수록 몸은 더욱 젖기 마련이다. 따라서 비를 적게 맞으려면 전체 시간을 줄여야 한다. 예를 들어 30미터 앞에 비피할 곳이 있는데 걸으면 1분, 뛰면 10초가 걸린다면, 달리는 쪽을 선택해야 비를 적게 맞을 것이다.

2. 달리는 쪽을 선택하는 게 유리하다.

Question — 번개의 비밀。

영국 해안선은 굴곡이 심하기로 유명하다. 미국의 수학자 망델브로Benoît Mandelbrot, 1924~2010는 이처럼 복잡한 모양을 한 구조에는 자기 닮음 현상이 들어 있다는 걸 발견했다.

자기 닮음 현상이란, 전체 구조 속에 닮은 모양이 계속해서 담겨 있는 것이다. 예를 들어 해안선 일부를 떼어 내 확대하면 해안선 전체와 비슷한 패턴이 보인다. 망델브로는 이를 프랙털fractal이라 했다.

번개도 마찬가지다. 번개가 떨어지는 형태를 보면 일직선을 그리며 단번에 곧게 내려오지 않고 나무가 가지를 치듯 삐뚤빼뚤 낙하한다. 이런 번개의 한 부분을 떼어 내 확대하면 전체와 비슷한 모습이 보인다. 자기 닮음 현상을 띠고 있는 것이다.

번개

● 자기 닮음 현상이 있다는 뜻.

Question — 섭섭한 인도인。

1천 년 전까지만 해도 유럽 사람들은 로마 숫자를 사용했다. 이것으로는 큰 수를 쓰기가 쉽지 않았다. 예를 들어 I는 1, V는 5, X는 10, L은 50, C는 100, M은 1000을 뜻하는데, 삼백삼십팔을 쓰면 CCCXXXVIII로 보기에도 단순치 않다.

더구나 사칙 연산, 즉 덧셈, 뺄셈, 곱셈, 나눗셈을 할 때는 더 복잡했다. 쓰기도 간단치 않은 CCCXXXVIII 같은 수들을 더하고 빼고 곱하고 나눈다고 생각하면 머리가 지끈거리지 않을 수 없다.

반면 인도인은 일찍이 오늘날 자연수라 부르는 '1, 2, 3, 4, 5, 6, 7, 8, 9'를 발명했다. 이것으로 삼백삼십팔을 쓰면 338로 간단할 뿐 아니라 사칙 연산도 쉽게 해낼 수 있다.

서기 8~9세기 무렵 과학을 발전시키던 아랍인들은 이런 편리함을 알아차리고 인도 숫자를 받아들였다. 12세기에 아랍을 드나들며 무역을 하던 유럽 상인들은 아랍인들이 쓰는 숫자의 편리함에 감탄하면서, 그 숫자를 아랍인이 만든 것으로 생각해 '아라비아 숫자'라 불렀다.

그러나 그 기원은 어디까지나 인도다. 그래서 요즘에는 '인도 · 아라비아 숫자'라 부르는 사람들이 늘고 있다.

인도·아라비아 숫자라 해야 한다.

Question — 1인당 국민 소득의 진실。

1인당 국민 소득은 국민 전체가 번 돈을 인구로 나누어 계산한다.

간단히 하기 위해 이 나라의 인구를 1000명이라 하고, 국민 990명의 1인당 국민 소득이 100달러에 불과하다고 하자. 그런데도 전체 인구의 1인당 국민 소득이 10만 달러가 될 수 있을까?

나머지 10명의 1인당 국민 소득을 A라고 하면, 이 나라의 1인당 국민 소득 10만 달러는 이렇게 계산된다.

$$1\text{인당 국민 소득} = 100000 = (990 \times 100 + 10 \times A) \div 1000$$

이 식을 이용하여 A 값을 구해 보자.

$$99000 + 10A = 100000 \times 1000$$

$$A = (100000000 - 99000) \div 10 = 9990100$$

1000명 중 10명, 즉 국민 1퍼센트의 1인당 국민 소득이 무려 999만 100달러에 이른다는 것을 알 수 있다. 그러니 대부분의 국민이 지극히 적은 소득을 얻고 있더라도, 나머지 일부가 어마어마한 돈을 번다면 1인당 국민 소득은 높아 보이게 된다.

따라서 이런 나라는 소득의 부익부 빈익빈富益富貧益貧 현상이 극에 달한 국가라 볼 수 있다.

일부 부유층만 엄청난 돈을 번다.

Question — 원의 중심각은 30도?

"원의 중심각은 360도이다"는 수학의 법칙이 아니다.

수학의 법칙은 만고불변이어야 한다. 언제 어디서나 맞아야 하고, 한 치의 오차도 용납지 않는 증명을 통해 입증되어야 한다. 그렇지만 "원의 중심각은 360도이다"는 불변의 진리도 아니고 증명을 필요로 하지도 않는다. 이는 어디까지나 하나의 약속일 뿐이어서 1도, 7도, 100도, 365도라 해도 좋다.

우리나라에선 요즘도 채소의 무게를 달 때 '근斤'이라는 단위를 사용하고, 미국에선 길이를 잴 때 '피트feet'라는 단위를 쓰는데도 큰 문제가 되지 않는다.

각도도 마찬가지다. 이곳 아프리카 사람들에겐 원의 중심각 30도가 360도보다 이용하기에 더 익숙하고 편리한 것이다. 다만 전 세계인이 무게와 길이를 잴 때 혼란과 번거로움을 피하기 위해 공통 단위로 킬로그램과 미터를 이용하자고 약속한 것처럼, 원의 중심각도 360도로 규정한 것일 뿐이다.

원의 중심각을 360도로 정한 것은 지구의 공전 주기와 관계있는 것으로 알려져 있다. 달의 공전 주기를 고려했다면 30도로 정했을 것이다.

두 사람 모두 틀리지 않다.

Question — 이발사 수염은 누가 깎아 주나.

1. 이발사 자신　2. 미스터 퐁
3. 동네 주민　4. 누구도 면도해 줄 수 없다.

이 문제는 두 가지로 나누어 생각해 볼 수 있다.

우선 이발사가 자신의 수염을 면도하는 경우다. 이때 이발사는 '자기 수염을 스스로 깎는 부류'에 속한다. 그런데 이발사는 그런 사람을 면도해 주지 않는다고 했으니, 그는 자신의 수염을 깎을 수 없다.

다음은 이발사의 수염을 타인이 면도하는 경우다. 그러면 이발사는 '스스로 면도하지 않는 부류'에 포함된다. 이발사는 스스로 면도하지 않는 사람을 모두 면도해 주니 그의 수염도 자기가 깎아야 한다. 그러나 그는 이미 자기 손으로 면도하지 않는 부류에 속한 탓에 자기 수염을 밀 수 없다.

결국 이발사의 수염은 누구도 깎을 수 없다. 이를 '이발사의 패러독스barber paradox'라 하는데, 영국의 저명한 철학자이며 수학자인 버트런드 러셀Bertrand Russell, 1872~1970이 집합에 관한 논리(패러독스)를 설명하기 위해 든 예시에서 비롯되었다.

4. 이발사의 수염을 면도해 줄 수 있는 사람은 없다.

Question — 9999단짜리 대리석 계단.

계단에 들어간 대리석의 총수는 이렇다.

$$1 + 2 + 3 + 4 + \cdots + 9996 + 9997 + 9998 + 9999 \quad \text{——} ①$$

이 식을 역순으로 써 보자.

$$9999 + 9998 + 9997 + 9996 + \cdots + 4 + 3 + 2 + 1 \quad \text{——} ②$$

①과 ②를 같은 순서에 있는 항끼리 더해 보자. 그러면 첫 번째 항(1 + 9999)은 10000, 두 번째 항(2 + 9998)도 10000, 세 번째 항(3 + 9997)도 10000… 이렇게 마지막 9999번째 항(9999 + 1)까지 10000이 된다.

이는 10000을 9999번 더하는 셈이어서 결과는 9999만이 된다(10000 × 9999). 그러나 이것이 이 문제의 답은 아니다. 대리석의 총수를 2번 더한 것이니 2로 나눠 줘야 하기 때문이다. 따라서 투입된 대리석의 총수는 4999만 5000개가 된다.

4999만 5000개.

Question — 과대평가된 밀레니엄.

우리는 '1, 2, 3, 4, 5, 6, 7, 8, 9, 0'의 10개 숫자로 수를 표시하는 데 익숙하다. 이는 십(10)이 되면 다음 자리로 넘어가게 된다. 예컨대 9에 1이 더해지면 10이 되고, 19에 1이 더해지면 20, 99에 1이 더해지면 100, 1999에 1이 더해지면 2000이 된다. 이러한 숫자 표기법이 '10진 기수법' 또는 '10진법'이다. 10진법은 오래전부터 폭넓게 사용되어 왔는데 사람의 손가락이 10개라는 사실과 밀접한 연관이 있다.

서기 2000년은 천의 자리 숫자가 1에서 2로 바뀌는 해였으므로, 수많은 기념행사가 열리고 이런저런 예언이 쏟아져 나왔다. 하지만 따지고 보면 우리가 10진법을 사용하기 때문에 마침 그해에 숫자가 변한 것에 지나지 않는다. 만일 우리가 12진법을 사용했다면 2000년이 아니라, 144년(12 × 12)이나 1728년(12 × 12 × 12)에 큰 의미를 두었을 것이다.

숫자 표기법이 꼭 10진법만 있는 것은 아니다. 이런 여러 가지 진법들은 이 장 끝 196~197쪽에서 다룬다.

2. 진법.

Question — 광개토 대왕이 호흡한 공기。

광개토 대왕廣開土大王, 재위 391~412이라는 칭호는 글자 그대로 영토를 광활히 넓힌 훌륭한 왕이란 뜻이다.

광개토 대왕이 만주 벌판을 호령하며 호흡한 공기를 우리가 들이마실 확률을 계산하려면 두 가지 가정을 해야 한다.

첫 번째는 지구에 있는 공기 분자의 양은 그때나 지금이나 변함없다는 것이다. 사실 그 이후 지금까지 공기가 대기권 밖으로 빠져나간 '격변'이 일어난 흔적은 없다.

두 번째는 공기 분자가 고르게 퍼져 있다는 것으로, 광개토 대왕 시절이나 지금이나 대기 순환에 큰 혼란이 일어나지 않은 걸로 보아 이 가정 또한 타당하다.

따라서 광개토 대왕이 호흡한 공기는 세계 곳곳으로 골고루 퍼져 나가 균일하게 분포해 있다 볼 수 있고, 이 가정하에 확률을 계산하면 그 답은 놀랍게도 99퍼센트가 넘는다. 만주에서나 서울에서나 뉴욕에서나 남극에서나 그가 호흡했던 공기 분자를 현대인이 들이마실 가능성은 100퍼센트에 육박한다는 얘기다. 자세한 확률 계산은 이 장의 끝 198~199쪽에 적어 놓았다.

99퍼센트 이상.

수학 지식 파고들기 —

자연 속의 프랙털

자기 닮음 현상은 해안선과 번개를 비롯하여 자연계 여러 곳에서 발견할 수 있다. 파도의 한 부분을 떼어 내 확대해 보면, 축소한 파도를 그 안에 심어 놓은 것처럼 전체 모습과 흡사하다. 이는 전체와 부분이 비슷한 프랙털의 특성이다.

큰 강줄기에는 중간 중간 갈라지는 지류가 있게 마련인데, 여기에도 자기 닮음 현상이 있다. 예를 들어 한강 상류로 올라갈수록 많은 지류가 있고, 이 지류는 더 작은 여러 물줄기로 나뉜다. 이들 작은 지류를 확대해 보면 한강의 굽이진 큰 줄기와 비슷하다.

산도 프랙털 구조다. 산에는 봉우리가 있고 골짜기가 있다. 봉우리건 골짜기건 한 부분을 확대해 보면 여지없이 전체의 모습이 나온다. 이것 또한 부분이 전체와 닮은 자기 닮음 현상이다.

우주에서 내려다본 히말라야 산맥의 모습에서 프랙털 구조가 보인다.

자기 닮음 현상이 강이나 산 같은 비생명체에서만 나타나는 것은 아니다. 나무는 자기 닮음의 특성을 갖고 있다. 큰 가지가 여러 작은 가지로 나뉘고, 그 작은 가지가 다시 더욱 세세한 가지로 갈라지는 가지 뻗음은 자기 닮음 현상의 좋은 예다. 이뿐만이 아니다. 고사리의 줄기들이 뻗어 나가는 모양은 고사리 전체의 모습 그대로이고, 사람의 뇌 표면에 난 주름 역시 프랙털 구조다. 그리고 뱃속에 있는 소장의 주름도 부분과 전체가 비슷한 자기 닮음 현상이다. 이 밖에도 프랙털 구조를 우리 주변 또 어디에서 발견할 수 있는지 생각해 보자.

고사리의 큰 줄기와 작은 줄기가 서로 닮은 패턴으로 뻗어 나가고 있다.

수학 지식 파고들기 —

숫자 표기법의 종류.

60진법과 12진법

고대 메소포타미아에서는 60을 주기로 하는 '60진법'을 즐겨 사용했다. 그러니까 59에 1이 더해지면 60으로 바뀌고, 다시 1부터 시작하는 숫자 표기법이다. 60진법의 흔적은 오늘까지지도 우리 생활 곳곳에 남아 있다. 시간을 이야기할 때 1시간을 60분으로, 1분을 60초로 나누는 것이 60진법의 예다. 그뿐 아니라 각도를 잴 때 사용하는 1도를 60분, 다시 1분을 60초로 구분하기도 한다.

'12진법' 또한 인류가 오래전부터 이용한 숫자 표기법이다. 1년을 열두 달로 나누고, 시계의 눈금을 1시에서 12시까지 표시하고, 연필 1다스를 12개로 정한 것은 12진법을 이용하는 예다. 미국과 영국 사람은 지금도 길이 1피트를 12인치로 나눈다.

5진법과 2진법

사람의 한쪽 손가락 수는 다섯인데, 여기서 다섯을 이용한 숫자 표기법인 5진법이 탄생했다. 5진법은 5가 되면 6으로 넘어가지 않고, 다시 1부터 시작하는 숫자 체계다. 로마 숫자는 넷까지는 막대기를 개수만큼 붙여 나가지만 다섯에 이르면 새로운 형태의 기호로 바뀌는 5진법의 예다.

2진법은 1에 1이 더해지면 2가 되는 게 아니라 곧바로 '10'(10진법의 2)으로 넘어가는 가장 간단명료한 숫자 표기법으로, 컴퓨터에서 빠른 수학적 계산을 해내기 위해 사용한다. 스위치를 켜면 불이 들어오고 끄면 불이 나가는 온오프on-off 장치 하나만 있으면 1과 0을 이용해 어떤 수든 나타낼 수 있기 때문이다.

수학으로 요리하는 자연 —

광개토 대왕이 내쉰 공기를 우리가 호흡할 확률。

광개토 대왕이 호흡한 공기 분자 중 하나라도 우리가 들이마실 가능성을 계산해 보자.

전 세계에 있는 전체 공기 분자의 수를 T, 광개토 대왕이 호흡한 공기 분자의 수를 K라 하면, 광개토 대왕이 뱉은 공기 분자를 우리가 호흡할 가능성은 T개 중에서 K개를 선택할 확률($\frac{K}{T}$)이다.

역으로, 광개토 대왕이 내쉰 공기 분자를 우리가 마시지 못할 가능성은 확률 1에서 호흡할 수 있는 가능성($\frac{K}{T}$)을 뺀 확률($1 - \frac{K}{T}$)이다. 왜냐하면 확률의 최댓값은 1이기 때문이다.

확률의 최댓값이 1인 이유는 다음과 같다. 공기 분자를 최대로 들이마신다는 것은 전체 공기 분자 T개 전부를 호흡한다는 뜻이다. 이를 확률로 표시하면 T개 중에서 T개 모두를 선택하는 $\frac{T}{T}$이다. 이것을 약분하면 1이므로, 확률의 최댓값이 1인 것이다.

우리가 광개토 대왕이 내뱉은 공기 분자를 들이마시지 못할 가능성은 숨을 한 번 쉴 때마다 '$1 - \frac{K}{T}$'씩 증가한다.

첫 번째 호흡에서 마시지 못할 확률: $1 - \frac{K}{T}$
두 번째에도 마시지 못할 확률: $(1 - \frac{K}{T})(1 - \frac{K}{T})$
세 번째에도 마시지 못할 확률: $(1 - \frac{K}{T})(1 - \frac{K}{T})(1 - \frac{K}{T})$
…

n번째 호흡에서도 마시지 못할 확률: $(1 - \frac{K}{T})^n$

따라서 우리가 100번 호흡했는데 광개토 대왕이 뱉은 공기 분자를 들이마시지 못할 확률은 '$1 - \frac{K}{T}$'를 100번, 1억 번 호흡해도 마시지 못할 확률은 '$1 - \frac{K}{T}$'를 1억 번 곱해야 한다.

'$1 - \frac{K}{T}$'는 1보다 작은 수다. 이런 수를 연이어 곱하면 곱할수록 계속 작아진다. 즉 호흡 횟수가 많을수록 0에 점점 가까워지는 것이다. 즉 확률이 0에 수렴한다. 이는 광개토 대왕이 뱉은 공기 분자를 우리가 하나라도 호흡하지 못할 가능성이다. 따라서 광개토 대왕이 내뱉은 공기 분자를 우리가 호흡할 수 있는 가능성은 전체 확률 1에서 이 값을 빼야 하며, 0에 수렴하는 값을 빼는 것이므로 호흡 횟수가 많으면 많을수록 1에 근접한다는 얘기다. 우리 국민치고 광개토 대왕이 호흡한 공기 분자를 들이마시지 않은 사람이 거의 없다는 뜻이다.

만주 벌판을 위풍당당하게 호령한 광개토 대왕의 숨을 들이마시며 그의 기상을 가슴에 담아 보자.

8장 —

미스터 퐁 자연 속에서

Question

덩굴나무가 나선형으로 자라는 이유.

덩굴나무는 줄기나 잎에 난 덩굴손으로 다른 물체에 달라붙거나 휘감으며 오른다. 등나무, 포도나무, 덩굴장미, 칡이 대표적인 덩굴나무다. 대나무나 철봉 같은 딱딱한 지주支柱를 타고 오를 때 덩굴나무도 생명체다 보니 힘을 가급적 덜 들이며 나아가려 한다. 그러자면 최단 거리를 이용해야 한다.

지주의 모양을 원기둥이라고 생각해 보자. 원기둥의 옆면을 펼치면 직사각형이 된다. 원기둥의 아래에서 위를 잇는 가장 짧은 경로는 이 직사각형의 대각선이다. 덩굴나무는 이 대각선을 따라 나선형으로 기둥을 타고 자라는 것이다.

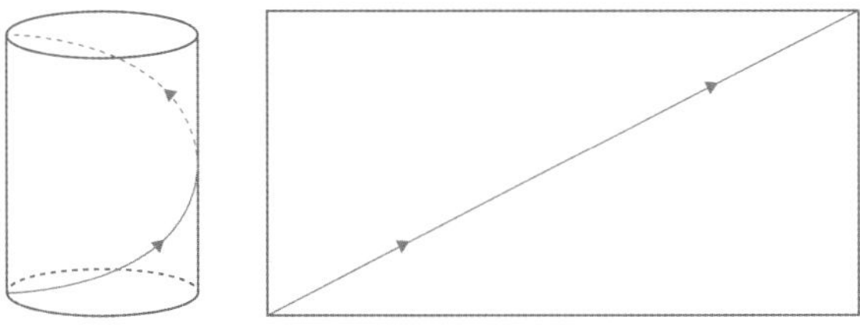

원기둥을 타고 자라는 덩굴나무의 진로

최단 거리로 뻗어 오르기 위해.

Question — 소음 측정기의 원리.

소리는 사람마다 느끼는 강도가 다르다. 누구에게는 작게 들리는 소리라도 다른 사람에게는 그렇지 않을 수 있다. 그래서 소리의 세기는 기준 음을 정하고 그보다 얼마나 센지의 비율로 표시한다. 이렇게 상대적인 소리의 세기를 나타내는 단위는 데시벨(dB)로, 그 값은 상용로그를 써서 이렇게 구한다.

$$\text{소리의 세기 (dB)} = 10 \times \log\left(\frac{\text{측정하려는 소리의 세기}}{\text{기준이 되는 소리의 세기}}\right)$$

그러므로 실제 소리의 세기 차가 10배이면 데시벨 값 차이는 10이 되고, 100배이면 20, 1000배이면 30이 된다.

나뭇잎 살랑거리는 소리와 대화 소리의 데시벨 값 차이는 50이다. 이는 대화가 나뭇잎 살랑거리는 소리보다 10만 배 시끄럽다는 얘기다. 마찬가지로 폭포 소리는 대화보다 100배 더 세다. 나뭇잎 소리에 비해서는 1000만 배 더 시끄러운 셈이다.

소리의 세기는 상용로그로 표현하기 때문이다.

Question — 땅 면적을 구하라 (1).

청년의 고민을 해결하려면 이 삼각형들의 넓이를 알아내서 비교해야 한다. 삼각형의 넓이를 구하는 공식은 이렇다.

삼각형의 넓이 = $\frac{1}{2}$ × 밑변 × 높이

여기서 알 수 있듯, 삼각형의 넓이를 결정하는 요소는 밑변의 길이와 높이이다.

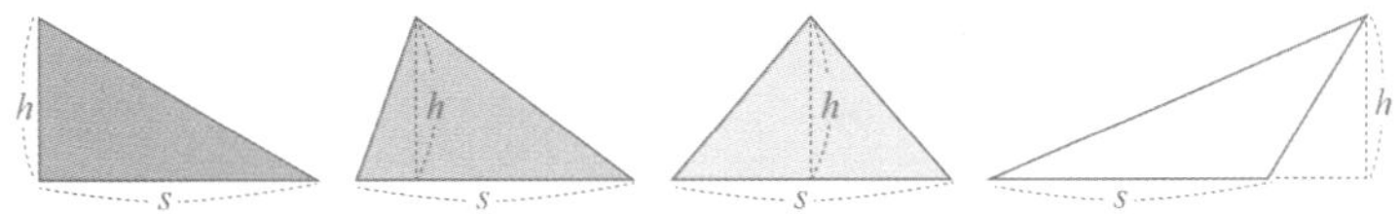

청년이 가져온 지적도 속 삼각형들을 다시 들여다보면 모양이 제각각이지만, 밑변의 길이(s)가 같고 높이(h)도 서로 다르지 않다. 따라서 삼각형 4개의 넓이는 동일하다.

어느 것이나 면적이 똑같기 때문이다.

Question — 땅 면적을 구하라 (2).

이런 복잡한 다각형의 넓이를 한 번에 구하는 공식은 없다. 그렇다고 포기할 필요는 없다. 전체를 알 수 없다면 부분으로 쪼개 계산하면 된다.

우선 이 다각형의 각 꼭짓점들을 이으면서 작은 삼각형들로 나눈다. 그리고 각 삼각형의 넓이를 구한 다음 모두 더하면 다각형 땅의 넓이를 알아낼 수 있다.

그러면 작은 삼각형들의 넓이는 어떻게 계산할까? 삼각형의 넓이를 구하는 공식 중 세 변의 길이로 계산하는 것이 있다. 세 변의 길이가 각각 a, b, c일 때, '$s = \frac{a+b+c}{2}$'라 하면, 삼각형의 넓이 S는 다음과 같다.

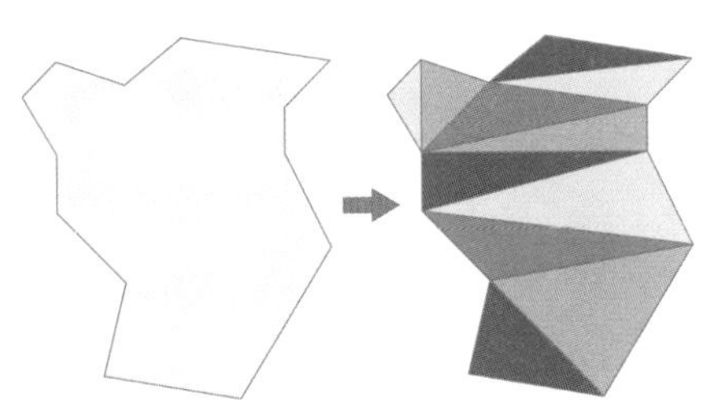

$$S = \sqrt{s(s-a)(s-b)(s-c)}$$

이를 헤론의 공식이라 한다. 서기 1세기경 알렉산드리아에서 활약한 수학자 헤론Heron의 저작에 처음 등장했기 때문이다.

작은 삼각형들로 나누어 구한다.

Question — 독수리의 강하 비행.

곡선은 직선보다 길므로 하강 시간을 단축하려면 독수리가 곧게 비행해야 할 듯싶다. 그러나 실은 그렇지 않은데, 그 이유는 중력에 의한 가속도 변화 때문이다.

"어떤 경로를 따라 하강해야 가장 빨리 내려올 수 있을까?"

17세기에 갈릴레오를 비롯해 파스칼Blaise Pascal, 페르마Pierre de Fermat, 하위헌스Christiaan Huygens, 베르누이Johann Bernoulli, 뉴턴Isaac Newton, 라이프니츠Gottfried Leibniz 같은 천재 수학자와 물리학자들이 이 문제를 깊이 연구했고, 이윽고 답은 직선이 아닌 곡선이라는 사실이 밝혀졌다. 이를 사이클로이드cycloid라 한다.

둥근 바퀴 테두리에 한 점을 찍고 굴릴 때 그 점이 보여 주는 궤적이 사이클로이드다.

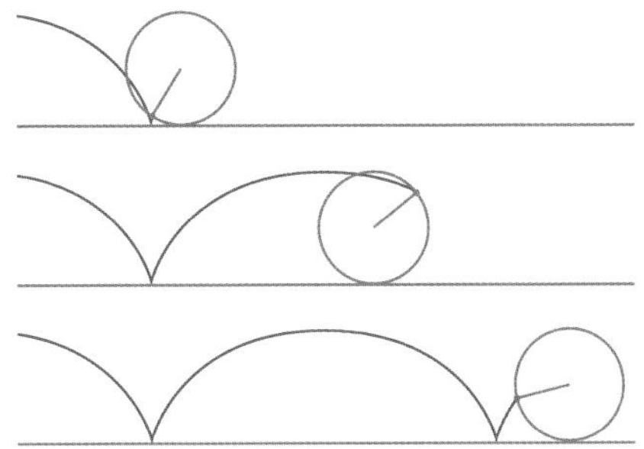

Question — 각도기로 산 높이 재는 법。

삼각함수 중에 탄젠트tangent('tan'으로 표기)가 있다. 탄젠트는 직각 삼각형의 밑변과 높이의 비를 말한다. 즉 '탄젠트 = $\frac{\text{높이}}{\text{밑변}}$'이다. 이를 이용해 산봉우리의 높이를 재는 방법은 다음과 같다. 각도기로 봉우리의 정상을 정확히 겨누고, 지면과 이루는 각도를 측정한다. 이때의 각도가 7도라면 다음의 관계가 성립한다.

$$\tan 7^\circ = \frac{h}{s} \quad \text{——} \ ①$$

여기서 h는 봉우리 높이, s는 봉우리 정상에 수직인 지평선상 지점과 미스터 퐁의 현재 위치 사이의 거리를 의미한다. 이렇게 해서 식을 하나 얻었는데, 미지수가 둘(h와 s)이니 방정식 하나를 더 얻어야 한다. 그래서 100미터 뒤로 물러나 각도를 측정했더니 6도가 나왔다면 다음의 관계식을 얻을 수 있다.

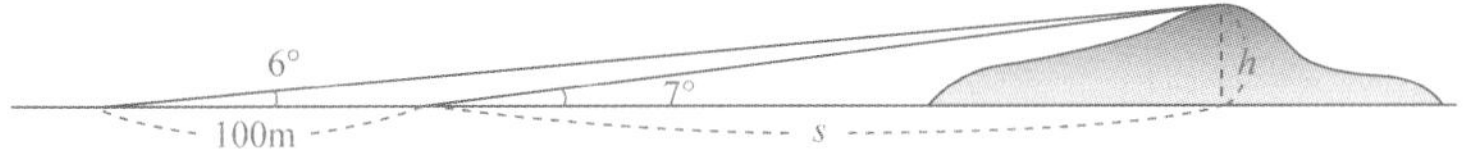

$$\tan 6^\circ = \frac{h}{s+100} \quad \text{——} \ ②$$

tan 7°의 값은 0.1228, tan 6°는 0.1051이다. 이 값들을 식 ①과 ②에 대입해 연립 방정식을 풀면, 봉우리의 높이를 구할 수 있다.

삼각함수의 탄젠트를 이용한다.

Question — 지구 대홍수 가능성。

지구의 바닷물을 지구 표면에 골고루 펴 바른다면 깊이가 2.5킬로미터에 이른다. 그리고 극지방 같은 곳에 있는 얼음으로는 50미터 두께로 지표면을 덮을 수 있다.

한편 물은 대기 속에 수증기 형태로도 존재하는데, 이런 수증기의 질량은 무려 13조 톤에 이른다. 하지만 만일 이 수증기가 모두 단시간에 빗방울로 응결되어 지구 표면으로 고르게 떨어진다고 해도 겨우 2.5센티미터 높이로 쌓이게 된다. 그러므로 아무리 비가 많이 내리더라도 일부 지역에서 홍수가 날 뿐 지구 전체가 잠길 일은 없다.

지구 대기 속에 있는 전체 수증기의 양.

Question

아마존의 새 생명체 (1).

아마존 밀림에서 지금까지 알려지지 않은 특이한 생명체를 발견한 미스터 퐁
아니 이것은?

학계에 보고하기 전에 여자 친구에게 먼저 발표를 하는데…
이 곤충은 무려 11년 주기로 한꺼번에 출현합니다.

이렇게 오랜만에 나타나면서도 성충으로 살아가는 기간은 고작 한 주밖에 안 됩니다.
1주일가량 햇빛을 보기 위해 11년을 땅속에서 다 함께 애벌레 상태로 대기하는 겁니다.
어머, 너무 불쌍하다…

잠깐만, 그런데 주기가 왜 하필 11년일까?
불쌍하다, 애벌레야~
여기엔 어떤 비밀이 숨어 있을까?

그 오랜 세월을 애벌레로 땅속에서 지내다 겨우 1주일가량 지상에서 짝짓기를 하고 알을 낳으면서 보내는데, 천적에게 잡아먹혀 그 삶이 하루 이틀 만에 끝나 버리면 어떨까? 말 못하는 생물이지만 그들도 본능적으로 그런 불행한 사태가 벌어지길 바라진 않을 것이다. 그래서 그런 위험을 최소화하는 쪽으로 진화하면서 번식 주기가 11년으로 정착된 것이다.

11은 1과 자기 자신인 11 외에 다른 수로는 나눠지지 않는 수, 즉 소수다. 그러다 보니 다른 수와 겹침이 적다. 예를 들어 천적의 번식 주기가 2년이라면 22년마다 만나고, 천적의 주기가 3년이라면 33년마다 맞닥뜨리게 된다.

만일 이 생명체의 번식 주기가 11년이 아니라 12년이라면 어떻게 될까? 2년 주기의 천적과는 12년마다, 3년 주기의 천적과도 12년마다 만나게 된다. 성체가 되어 땅 위로 나올 때마다 어김없이 천적과 마주칠 운명에 처하는 셈이다. 그러니 번식 주기를 11년과 같은 소수로 삼아서 천적에게 노출될 가능성을 조금이라도 줄여야 생존하기에 더 유리하다.

천적과 마주칠 가능성을 줄이려는 전략.

Question — 아마존의 새 생명체 (2).

11년 주기 아마존 생명체와 3년 주기 천적이 33년 만에 만나는 시기가 올해라 하자. 그런데 올해는 천적이 그 어느 때보다 많이 출현하는 바람에 11년 주기 생명체가 몰살당했다. 이 아마존 곤충이 11년 주기짜리 한 종뿐이라면 지구상에서 더는 그 생명체를 찾아보기 쉽지 않을 테지만, 7년 주기의 친척이 여전히 남아 있으므로 명맥이 유지될 것이다.

그런데 두 종의 주기가 다른 데에는 천적 문제 말고도 또 한 가지 이유가 있다. 인구가 늘면 필연적으로 식량 전쟁이 일어날 수밖에 없듯이, 아마존 생명체의 먹이는 한정되어 있는데 개체 수가 너무 많아지면 피비린내 나는 먹이 쟁탈전이 벌어질 수밖에 없다.

7년 주기와 11년 주기 곤충이 동시에 밀림에 나타나는 시기는 77년(7 × 11)마다 한 번씩 찾아온다. 7년 주기 곤충은 11번 중 10번, 11년 주기 곤충은 7번 중 6번을 친척 종과 싸울 필요 없이 먹이를 구할 수 있는 셈이다.

아마존 생명체들의 서로 다른 소수 주기에는 천적에게 몰살될 우려뿐만 아니라 한정된 먹잇감을 고려한 대비책까지 숨어 있는 것이다.

몰살의 우려와 한정된 먹잇감 때문이다.

Question — 전파 잡는 천체 망원경.

전파 망원경이 전파를 잡는 원리는 어디서 나왔을까?

1. 포물선과 초점　　2. 원과 원주율
3. 원호와 원뿔　　4. 사각형과 대각선

우주 속 천체에서 오는 빛에는 우리가 볼 수 있는 가시광선에서부터 자외선, 적외선, 전파와 감마선에 이르기까지 다양한 전자기파가 포함되어 있다. 이들 빛을 관측하려면 그에 어울리는 천체 망원경을 제작해야 한다. 가시광선을 보는 굴절 망원경과 반사 망원경뿐 아니라, 전파를 잡는 전파 망원경, 감마선을 관측하는 감마선 망원경 등 다양한 천체 망원경이 그래서 필요하다.

전파는 우리 눈으로 관측할 수 없는 빛이어서 렌즈를 쓸 수 없다. 그래서 전파를 모으는 방법으로 포물선과 초점의 원리를 이용한다. 포물선에 부딪힌 빛은 한 점에 모이는데, 이곳이 포물선의 초점이다. 따라서 접시 모양으로 망원경을 제작하면, 우주에서 날아온 전파가 포물면에 반사되어 초점으로 향한다. 이를 분석해 우리는 우주와 천체의 비밀에 다가가게 된다.

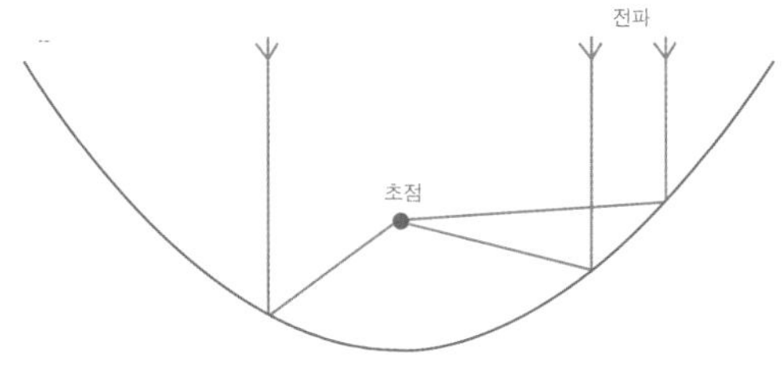

1. 포물선과 초점.

수학 지식 파고들기 —

로그의 탄생

16세기 무렵 유럽은 격변의 시대였다. 항해술이 발달함에 따라 서방과 동방을 넘나들며 새로운 땅을 계속 발견했고, 그곳에서 가져온 물품을 교역하면서 상업이 급속히 발전하게 되었다.

존 네이피어

그 결과 오늘날로 치면 회계사라 볼 수 있는, 금전 출납부를 작성하고 계산하는 사람들이 나타났고, 복잡한 계산이 불가피해졌다. 그러다 보니 사람들은 큰 수를 계산하기에 편리한 방법을 찾는 데 집중할 수밖에 없었고, 그 과정에서 로그log가 탄생했다.

로그의 발명자는 영국 수학자 네이피어John Napier, 1550~1617다. 그의 업적 덕분에 소수점 이하 10자리가 넘는 복잡한 계산도 가능하게 되었다. 위대한 수학자이자 천문학자이며 물리학자인 프랑스의 라플라스Pierre-Simon de Laplace, 1749~1827는 "로그의 발명은 천문학자의 수명을 두 배로 연장시켰다"며 네이피어의 업적을 극찬했다.

수학 지식 파고들기 —

피라미드의 높이를 잰 탈레스

고대 그리스의 대학자 탈레스Thales, BC 624?~546?가 이집트를 방문했다. 피라미드의 장대함에 매료돼 있던 터라 그 높이를 재 보는 것은 그의 오랜 꿈이었다. 저 앞에 피라미드가 보였다. 탈레스는 막대기를 땅에 수직으로 꽂았다. 해는 즉시 막대기의 그림자를 만들었고, 그 순간 탈레스가 환히 미소 지었다.

이때 피라미드와 막대기가 각각 땅바닥에 드리운 그림자를 이용해 서로 닮은 직각 삼각형 2개를 그려 볼 수 있다.

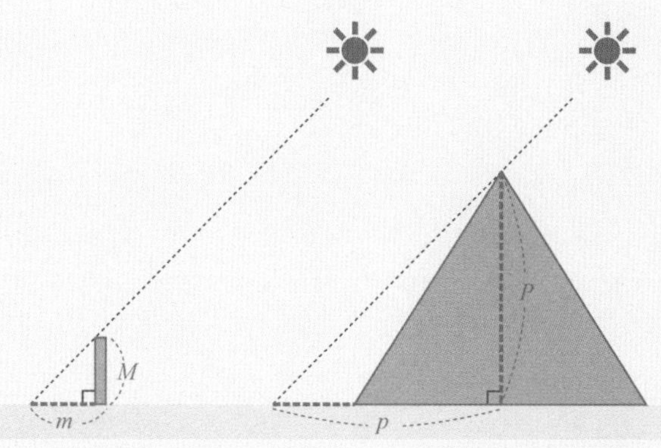

여기서 막대기의 높이를 M, 막대기의 그림자 길이를 m, 피라미드의 높이를 P, 피라미드의 그림자 길이를 p라 하자. 그러면 다음의 비례식이 성립한다.

$$P : M = p : m$$

비례식에서 외항의 곱과 내항의 곱은 같다. 이에 따라 위 식을 P에 대해 정리하면 피라미드의 높이를 구하는 식을 얻을 수 있다.

$$Pm = Mp$$
$$P = \frac{Mp}{m}$$

탈레스는 막대기의 높이(M), 막대기의 그림자 길이(m), 피라미드의 그림자 길이(p)를 정확히 측정하고, 이 식에 대입해 피라미드의 높이(P)를 보란 듯이 계산해 냈다.

수학으로 요리하는 자연 —

별의 밝기와 별까지의 거리。

별의 밝기를 측정하는 단위로는 '겉보기 등급'과 '절대 등급'이 있다. 겉보기 등급은 지구에서 관측했을 때 별이 얼마나 밝아 보이는지를 나타내는데, 등급이 낮을수록 밝은 별이다. 다시 말해 1등성이 2등성보다 더 밝다.

그런데 별은 지구에서 멀리 있을수록 더 어두워 보이게 마련이므로 겉보기 등급만으로는 실제 밝기를 정확히 알 수 없다. 그래서 모든 별이 지구에서 똑같이 10파섹(pc)씩 떨어져 있는 것으로 가정하고 나서 매긴 등급이 바로 절대 등급이다. 절대 등급을 이용하면 별의 실제 밝기를 서로 비교할 수 있다.

1856년에 영국의 천문학자 포그슨N. R. Pogson, 1829~1891은 별의 밝기를 계산하면서 1등성이 6등성보다 100배쯤 밝다는 사실을 밝히며 포그슨의 공식을 발표했다. 포그슨의 공식을 이용하면 별의 겉보기 등급과 거리, 절대 등급 사이의 관계를 유도할 수 있다.

N. R. 포그슨

$$m - M = -5 + 5\log r \quad \text{——} ①$$

여기서 m은 별의 겉보기 등급, M은 별의 절대 등급, r은 지구와 별 사이의 거리다. 겉보기 등급과 절대 등급의 차($m - M$)를 '거리 지수'라고 하는데, 이를 이용해 별까지의 거리를 구할 수 있다.

한편 어떤 별까지의 거리가 정확히 10파섹인 경우에는 겉보기 등급과 절대 등급이 같을 것이다. 식 ①의 r에 10을 대입하면 로그 값은 다음과 같다.

$$\log r = \log 10 = 1$$

이제 식 ①을 이렇게 정리할 수 있다.

$$m - M = -5 + 5\log r = -5 + 5 \times 1 = 0$$
$$m = M$$

지구에서 10파섹 떨어진 별은 겉보기 등급과 절대 등급이 같다는 것을 다시 확인할 수 있다.

r 값이 10파섹보다 클 때, 다시 말해 지구와 별 사이의 거리가 10파섹을 넘으면, 그 별의 겉보기 등급은 절대 등급보다 높다. 반대로 어떤 별이 지구에서 10파섹 이내에 있는 경우에는 겉보기 등급이 절대 등급보다 낮다.

9장 —

미스터 퐁
우주를 꿈꾸며

Question — 우리 은하에 있는 별의 개수。

하나, 둘, 셋… 이런 방식으로 별 1000억 개를 일일이 세는 건 불가능하다. 사람의 수명을 100세로 가정하고, 다른 일은 전혀 하지 않은 채 평생 동안 1초에 하나씩 별을 센다 해도 31억 5360만 개밖에 셀 수 없다(100 × 365 × 24 × 3600). 100억 개도 세지 못하는 것이다.

그래서 별의 개수를 헤아릴 때는 우선 우주 공간이 '등방적等方的, isotropic'이고 '균질하다homogeneous'는 가정을 한다. 무슨 말인가 하면, 우주의 어느 쪽을 보아도 똑같이 별이 고르게 분포해 있다는 뜻이다. 별이 앞쪽에는 빽빽한데 뒤쪽에는 듬성듬성 흩어져 있거나 하지 않는다는 얘기다.

그러니 어느 한 구역에 있는 별의 개수만 알면 전체 개수를 어렵지 않게 추정할 수 있다. 예컨대 은하 부피의 100만분의 1만큼을 떼어내 센 별이 10만 개라면 은하 전체에는 별이 1000억 개(100만 × 10만) 있다고 추론할 수 있다.

우리 은하에 존재하는 별이 1000억 개라는 사실도 이런 방법으로 얻은 결과다.

우주는 등방적이고 균질하다는 가정하에 별을 센다.

Question — 화성의 더위와 추위.

화성 적도의 최고, 최저 기온이 섭씨 영하 15도에서 위아래로 2~3도를 넘나드는 정도라면 미스터 퐁이 준비해 간 오리털 파카로도 그런대로 버틸 만하다. 그러나 문제는 기온 변화가 클 때다. 평균 온도가 영하 15도인 상황은 하나가 아니다. 최고와 최저 온도가 엇비슷한 경우부터 그 차이가 심한 경우까지 다양하다. 예컨대 최고 기온이 영하 14도이고 최저 기온이 영하 16도일 때도 평균 기온이 영하 15도이지만, 최고 기온이 영상 85도이고 최저 기온이 영하 115도여도 평균 기온은 영하 15도인 것이다. 이렇게 기온의 편차가 크면 옷 한 벌로 버티기가 어렵다.

그렇다면 화성의 실제 온도는 어떨까? 화성은 지구보다 태양으로부터 더 멀리 떨어져 있어 지구에 비해 표면 온도가 낮고, 대기가 열은 탓에 일교차가 커 최고 영상 30도에서 최저 영하 60도를 오간다. 오리털 파카를 입은 미스터 퐁이 낮에는 땀을 뻘뻘 흘리지만 밤에는 덜덜 떠는 것은 이 때문이다. 참고로, 화성은 지구와 같은 환경이 아니어서 실제로는 우주복을 입어야 한다.

화성의 실제 온도와 평균 기온 사이에 큰 차이가 있기 때문이다.

Question — 외계 생명체의 집.

정다각형의 종류는 정육각형 외에도 정삼각형, 정오각형, 정이십각형 등 무수히 많다. 하지만 이 중에서 빈틈없이 이어 붙일 수 있는 건 정삼각형과 정사각형, 정육각형뿐이다. 틈이 없으면 쓸데없는 빈 공간이 생기지 않는다.

그렇다면 정삼각형이나 정사각형 형태가 아니라 굳이 정육각형을 고집하는 까닭은 무엇일까? 바로 넓이와 구조 때문이다. 둘레가 일정할 때 넓이는 변이 많을수록 넓다. 공간이 클수록 많은 음식을 저장할 수 있다.

정육각형은 역학적으로도 튼튼하다. 그래서 건축물을 비롯하여 비행기 날개 등 높은 강도가 필요한 곳에 이런 정육각형 구조가 응용되고 있다.

빈틈이 없고 면적이 넓고 튼튼하기 때문이다.

Question — 외계인의 복잡한 숫자.

옛 인도인들은 일찍이 수에 큰 관심을 보였다. 오늘날 '자연수'라 부르는 '1, 2, 3, 4, 5, 6, 7, 8, 9'도 그러한 바탕에서 생겨났다. 이를 사용하면 수를 간단히 표현할 수 있다. 오백사십삼은 543, 삼천이백삼십육은 3236, 칠만이천칠백팔십구는 72789 하는 식이다.

그러나 이것만으로 모든 수를 간단히 나타낼 수는 없다. 팔천오십이나 삼백일, 육만이십 같은 수가 그런 경우다. 예를 들어 팔천오십을 쓰려면 천의 자리에 8을, 십의 자리에 5를 넣으면 되지만, 비어 있는 백의 자리와 일의 자리는 '1, 2, 3, 4, 5, 6, 7, 8, 9'만 가지고는 도저히 쓸 수 없다.

옛날 사람들이 손가락으로 셀 수 있는 것을 나타내는 숫자는 쉽게 만들었지만, '아무것도 없음'을 가리키는 숫자를 처음부터 떠올리기는 어려웠다. 이를 해결하기 위해 나중에 생각해 낸 것이 0이다. '1, 2, 3, 4, 5, 6, 7, 8, 9'에 0이라는 숫자를 추가하면 어떠한 수도 간단하게 적을 수 있다. 이십은 20, 이만은 20000이라 쓰면 된다.

인도에서는 서기 6세기 말에서 7세기 초에 0을 사용하기 시작한 것으로 알려져 있다. 0은 인류 문명의 발달을 촉진한 혁명적인 숫자다.

숫자 0을 알지 못하기 때문이다.

Question

태양 생명체의 존재 가능성 (1)。

태양은 수소와 헬륨이 가득한 데다 수백만 도의 열기와 불꽃이 뒤범벅된 까닭에 생명체가 존재할 가능성이 크지 않다. 아니, 없다고 보아도 무방하다. 그런데도 미스터 퐁은 그 가능성이 50퍼센트 이상이라 단언했는데, 이는 확률의 곱셈 정리와 연관이 있다.

태양에 토끼가 없을 확률은 거의 100퍼센트이다. 그러나 무조건 100퍼센트라 단정할 수는 없으니 99퍼센트, 즉 확률을 0.99라 하자. 돼지가 없을 가능성도 마찬가지니 이 확률도 0.99라 하자.

이 경우 토끼도 없고 돼지도 없을 확률은 곱셈 정리를 이용하면 간단히 구할 수 있다. 확률의 곱셈 정리에 따르면, 각각의 확률을 곱하면 전체 확률이 된다. 따라서 토끼도 없고 돼지도 없을 확률은 '0.99 × 0.99 = 0.9801'이다. 같은 원리로 양까지 없을 확률은 '0.99 × 0.99 × 0.99 = 0.9703'이고, 이런 식으로 100종의 생물이 모두 없을 확률은 0.99를 100번 곱한 0.3660이 된다.

이는 역으로 말하면 100종 가운데 한 종이라도 태양에 있을 확률이 0.6340(1 - 0.3660), 즉 63퍼센트를 넘는다는 얘기다. 미스터 퐁이 태양 생명체가 존재할 확률이 50퍼센트 이상이라고 자신 있게 말한 것은 이 때문이다.

확률의 곱셈 정리.

Question — 태양 생명체의 존재 가능성 (2)。

확률의 곱셈 정리는 아무 상황에나 적용할 수 있는 게 아니라 각각의 사건이 독립적일 때만 사용 가능하다. 사건이 독립적이란 서로 영향을 주지 않는다는 뜻이다. 내가 서울에 있는 학교에 걸어서 가는 것과 런던에서 이륙한 여객기가 뉴욕에 착륙하는 것은 서로 영향을 주지 않는 개별 사건이다. 이를 독립 사건이라 한다.

그러나 토끼가 살지 못할 환경이면 돼지나 양도 존재하지 않을 가능성이 대단히 농후하다. 이는 각각의 사건이 다른 사건에 어떤 식으로든 영향을 준다는 의미이므로 독립 사건이 될 수 없다.

미스터 퐁이 곱셈 정리를 서로 독립적이지 않은 사건에 적용해 확률을 계산하다 보니 이상한 결과가 나온 것이다.

서로 독립적이지 않은 사건들에 확률의 곱셈 정리를 적용하면 안 된다.

Question — 외계 행성의 크기

고대 그리스의 천문학자이자 수학자인 에라토스테네스Eratosthenes, BC 276?~194?는 당시 최대 규모의 도서관이었던 알렉산드리아 도서관의 관장이었으며, 아르키메데스의 친구이기도 했다.

그는 지구가 구형球形이라면 위도가 다른 두 지방에서 같은 시각에 관측한 태양의 고도가 달라야 한다고 생각했다. 이집트의 시에네(지금의 아스완 지방)는 알렉산드리아에서 남쪽으로 900킬로미터 남짓 떨어져 있었다. 에라토스테네스는 이 두 곳에 있는 막대기의 그림자를 이용하여 태양 고도차가 약 7도라는 사실을 알아냈다.

에라토스테네스는 이렇게 얻은 고도차와 두 지방 사이의 거리를 비례식에 대입해 지구 둘레를 구했다. 자세한 계산 과정은 9장 끝 252~254쪽에 설명해 놓았다. 에라토스테네스의 방식을 따라 하면, 미스터 퐁이 불시착한 미지의 행성 둘레도 어렵지 않게 구할 수 있다.

막대기 그림자로 두 지역의 태양 고도차를 구하여 비례식에 대입한다.

Question — 지구로 돌진하는 소행성。

레이저 광은 직진성이 좋아 먼 거리까지 빛의 속도로 곧게 날아간다. 소행성을 향해 레이저를 쏘면, 소행성에 충돌하여 반사된 레이저 광이 다시 돌아온다. 이때까지의 시간을 측정하여 그 거리를 구할 수 있다.

예컨대 레이저 광선이 소행성 표면을 때리고 4분 30초 후 지구의 발사 지점으로 되돌아왔다고 하자. 4분 30초(270s)는 지구와 소행성을 왕복한 시간이므로, 소행성까지 가는 데 135초(270s ÷ 2)가 걸린 셈이다.

따라서 소행성까지 거리 *S*는 다음과 같이 거리를 구하는 공식에 '광속 = 300000km/s'와 '시간 = 135s'를 대입해 계산할 수 있다.

> 거리 = 속도 × 시간
>
> S = 300000km/s × 135s = 4.05×10^7km

레이저 광이 반사되어 돌아온 시간을 측정한다.

Question — 비행접시와의 달리기 대결 (1).

"내가 10미터 앞서 있는 상태에서 나와 비행접시가 동시에 출발했다고 해 보죠." 미스터 퐁이 말을 이었다. "비행접시의 성능이 좋으니 거리는 점점 좁혀질 겁니다."

"그야 당연하죠. 눈 깜짝할 사이에 당신이 출발한 지점에 도착할 테니까요." 외계인이 말했다.

"그러나 나도 제자리에 멈추어 있진 않고 그동안에 몇 발짝은 앞으로 나가 있을 겁니다."

"인정합니다."

"그럼 생각해 보세요. 이런 식으로 내가 먼저 당도했던 곳에 당신이 도착하면, 그사이에 나는 몇 센티미터나 몇 밀리미터, 아니 몇 나노미터라도 항상 앞서 있을 겁니다."

"어, 그러네요."

"그러니 비행접시가 절대로 나를 추월하지 못한다는 얘기죠."

"…."

고대 그리스의 제논Zenon ho Elea, BC 490?~430?은 이런 방식의 논법을 즐겼는데, 이를 제논의 역설Zeno's paradoxes이라 한다.

제논의 역설을 이용한다.

Question — 비행접시와의 달리기 대결 (2).

제논의 역설은 무한급수로 논파할 수 있다.

미스터 퐁이 T초 동안 달린 총거리를 S라 하고, 비행접시가 S의 절반만큼 가는 데 1초 걸렸다고 하자. 그렇다면 다시 그 거리의 절반을 더 가는 데는 0.5초가 걸리고, 그다음에는 0.25초, 0.125초…가 된다.

미스터 퐁의 논리대로 비행접시가 자신을 결코 따라잡지 못하려면, 이 시간들을 더한 총시간이 무한해야 한다. 왜냐하면 그래야 비행접시가 S만큼 가는 데에 무한한 세월이 걸릴 것이기 때문이다.

자, 그럼 그 시간이 무한한지 유한한지 계산해 보자.

$$1초 + 0.5초 + 0.25초 + 0.125초 + \cdots$$
$$= 1초 + \frac{1}{2}초 + \frac{1}{4}초 + \frac{1}{8}초 + \cdots$$

38~39쪽 '키 자라기'에서 살펴보았듯 이 계산의 값은 2에 수렴한다. 이는 곧 비행접시가 유한한 시간(2초) 안에 S만큼 나아갈 수 있다는 얘기로, 그 시간 이후엔 미스터 퐁을 따라잡는다는 뜻이다.

무한급수의 원리.

수학 지식 파고들기 —

빈틈없이 정다각형 이어 붙이기.

정다각형을 서로 이어 붙인 곳에 틈이 생기는지를 판별하려면 맞붙은 꼭짓점들이 모여 360도를 이루는지 살피면 된다. 그 각이 360도면 틈이 없지만, 그렇지 않으면 틈이 생긴다. 정삼각형, 정사각형, 정육각형은 360도가 된다. 이를 알아보자.

정삼각형

정삼각형 각 하나의 크기는 60도다. 따라서 정삼각형 6개가 모이면 꼭짓점 둘레의 각도는 360도가 된다(60도 × 6 = 360도).

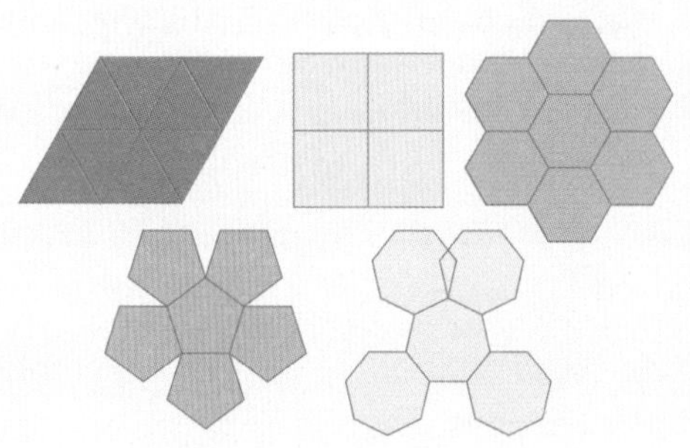

정삼각형, 정사각형, 정육각형, 정오각형, 정칠각형 이어 붙이기

정사각형

정사각형 각 하나의 크기는 90도다. 따라서 정사각형 4개가 모이면

꼭짓점 둘레의 각도는 360도가 된다(90도 × 4 = 360도).

정육각형

정육각형 각 하나의 크기는 120도다. 따라서 정육각형 3개가 모이면 꼭짓점 둘레의 각도는 360도가 된다(120도 × 3 = 360도).

정오각형

반면 정오각형은 어떤가? 정오각형 각 하나의 크기는 108도다. 108도는 갖은 방법을 다 써서 이어 붙여도 360도를 만들 방법이 없다. 예를 들어, 정오각형 3개가 모이면 324도로 360도에 미치지 못하고(108도 × 3 = 324도), 4개가 모이면 432도로 360도를 넘어 버린다(108도 × 4 = 432도).

이런 이유 때문에, 변의 개수를 늘려 나가면 정이십각형도, 정천각형도 만들 수 있지만, 이어 붙일 때 빈틈없이 면을 채울 수 있는 것은 정삼각형과 정사각형, 정육각형뿐이다. 그 밖의 정다각형은 정오각형처럼 아무리 애를 써도 틈이 생기지 않도록 채워 나갈 방법이 없다.

수학 지식 파고들기 —

자연이 사랑하는 육각형.

알렉산드리아의 수학자 파포스Pappos, 290?~350?는 꿀을 찬미하며 정육각형의 벌집을 이렇게 묘사했다.

"꿀은 신의 음식이다. 꿀벌은 꿀을 천국에서 얻어다 인간에게 날라준다. 이처럼 귀한 꿀을 땅바닥이나 풀숲 같은 신성치 못한 곳에 함부로 저장하는 것은 신을 모독하는 짓이나 마찬가지다. 그래서 벌집을 만들었다. 불순물이 끼지 않도록 빈틈없이 이어져 있어 꿀을 붓기에 적당한 정육각형의 집을."

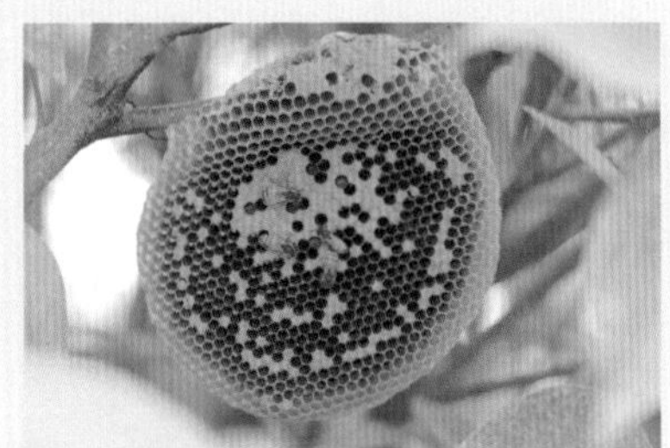

나뭇가지에 매달린 벌집

자연이 육각형을 좋아한다는 증거는 벌집 말고도 곳곳에서 찾아볼 수 있다. 겨울에 온 세상을 하얗게 색칠하는 눈을 들여다보면 별 모양, 꽃 모양, 부챗살 모양, 나뭇가지 모양 등 똑같은 눈송이를 찾기 어려울 정도로 다양하다. 그러나 눈의 기본 골격은 정육각형이다. 거기에 물 분자가 달라붙으면서 여러 형태의 눈송이가 만들어지는 것이다.

세제로 설거지를 하거나 비누칠을 할 때 생기는 비눗방울을 자세히 살펴보면 주로 육각형이 연이어 붙어 있다. 곤충이나 갑각류의 머리에 붙은 눈도 마찬가지다. 이들의 자그마한 눈 여러 개가 이어진 눈을 겹눈 또는 복안이라 하는데, 그 작은 눈 하나하나의 모양은 육각형이다.

여러 가지 눈 결정

벌의 겹눈

에라토스테네스의 지구 크기 계산하기.

지구를 직접 한 바퀴 돌지 않고도 쉽게 지구의 크기를 알아낼 수는 없을까? 물론 방법이 있다. 비례식을 간단히 적용하는 것만으로 지구의 크기를 가늠할 수 있는데, 이 방법을 최초로 실행한 사람은 고대 그리스의 에라토스테네스다. 자, 이제 그가 생각해 낸 방법을 따라 지구의 크기를 계산해 보자.

에라토스테네스는 시에네와 알렉산드리아에 꽂은 막대기의 그림자로 두 지방의 태양 고도차가 7도라는 것을 알았다. 두 곳 사이의 거리는 사람의 발걸음으로 재 보니 900킬로미터였다.

에라토스테네스는 다음 그림처럼 둥근 지구에 두 지방을 표시했다.

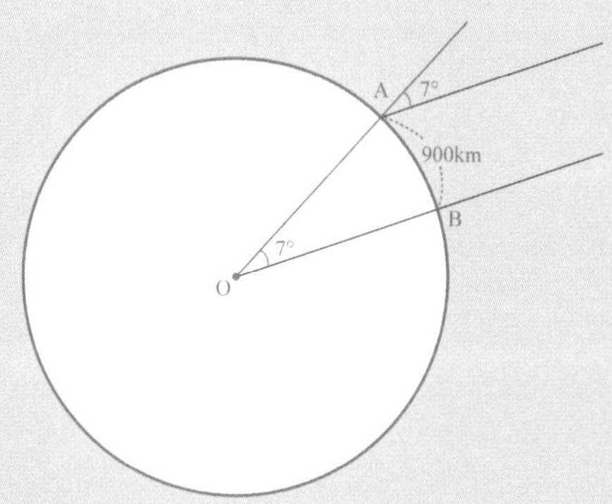

알렉산드리아(A)와 시에네(B)의 태양 고도차는 7도이므로, 각

AOB 역시 '동위각의 원리'에 따라 7도다. 따라서 다음의 비례식이 성립한다.

$\angle$ AOB : 360° = 호 AB의 길이 : 원둘레

이때 원둘레는 곧 지구의 둘레다. 이 식에 각 AOB의 크기 7도, 호 AB의 길이 900킬로미터를 대입하고 정리하면 다음과 같다.

7° : 360° = 900km : 지구 둘레

지구 둘레 = $\dfrac{360° \times 900\text{km}}{7°}$ = 46286km

즉 지구 둘레는 4만 6286킬로미터라는 결과가 나온다.

지구 둘레를 알았으니 이로부터 지구 반지름을 구하는 것도 어려운 일이 아니다. 반지름이 r인 원의 둘레는 '$2\pi r$'이므로, 지구 둘레는 곧 '2π × 지구 반지름'이 된다. 그러므로 지구 반지름은 다음과 같이 구할 수 있다.

지구 둘레 = 2π × 지구 반지름

지구 반지름 = $\dfrac{\text{지구 둘레}}{2\pi} = \dfrac{46286\text{km}}{2 \times 3.14}$ = 7370km

오늘날 지구의 평균 둘레는 4만 41킬로미터, 평균 반지름은 6371킬로미터로 알려져 있다. 에라토스테네스가 계산한 결과는 이 값들과 다소 차이가 있는데, 이는 막대기와 인간의 발걸음만을 이용하여 측

정한 고도차와 거리가 오늘날만큼 정확하지 못했기 때문이다.

그렇다면 최근의 데이터를 가지고 다시 계산해 보면 실제 지구 둘레와 반지름에 좀 더 가까운 값을 얻을 수 있을 것이다. 예를 들어 서울과 광주의 거리는 278킬로미터, 두 곳이 지구 중심과 이루는 각은 2.5도다. 에라토스테네스의 비례식에 이 두 값을 넣으면 아래와 같다.

$$2.5^\circ : 360^\circ = 278\text{km} : \text{지구 둘레}$$

$$\text{지구 둘레} = \frac{360^\circ \times 278\text{km}}{2.5^\circ} = 40032\text{km}$$

$$\text{지구 반지름} = \frac{\text{지구 둘레}}{2\pi} = \frac{40032\text{km}}{2 \times 3.14} = 6375\text{km}$$

도판 저작권

58쪽 잠자리 장난감 ⓒ makieni / Shutterstock.com

60쪽 타워 크레인 ⓒ Stefano Carnevali / Shutterstock.com

97쪽 해바라기 ⓒ Violart / Shutterstock.com

116쪽 지구 ⓒ NASA

137쪽 안구와 오목 렌즈 ⓒ Gumenyuk I. S.

140쪽 크리스마스트리 ⓒ Pavel L Photo and Video / Shutterstock.com

142쪽 지진계 ⓒ Iuliia Saenkova / Shutterstock.com

179쪽 번개 ⓒ U.S. Air Force photo by Edward Aspera Jr.

194쪽 히말라야 산맥 ⓒ NASA/GSFC/JPL, MISR Team

195쪽 고사리 ⓒ ClubhouseArts / Shutterstock.com

250쪽 벌집 ⓒ Surasak_Photo / Shutterstock.com

251쪽 눈 결정 ⓒ Kichigin / Shutterstock.com

251쪽 벌의 겹눈 ⓒ Craig Taylor / Shutterstock.com

참고 자료

『공간의 역사』, 김용운 · 김용국 지음, 전파과학사, 1985.

『과학동아』, 2000년 4월호 별책 부록 「수학자를 알면 공식이 보인다」, 과학동아 편집실 엮음.

『교과서를 만든 수학자들』, 김화영 지음, 최남진 그림, 글담출판사, 2005.

『뉴턴 하이라이트: 신비한 수학의 세계』, 뉴턴 편집부 엮음, 뉴턴코리아, 2010.

『뉴턴 하이라이트: 0과 무한의 과학』, 일본 뉴턴프레스 엮음, 뉴턴코리아, 2007.

『달콤한 수학사 1~2』, 마이클 J. 브래들리 지음, 오혜정 옮김, 일출봉, 2007.

『동아일보』, 1996년 3월 23일.

『미로』, 자크 아탈리 지음, 이인철 옮김, 영림카디널, 1997.

『상위 5%로 가는 수학교실 3』, 신학수 외 지음, 스콜라, 2008.

『생각을 키우는 수학나무』, 박경미 지음, 랜덤하우스, 2007.

『생각을 키우는 호기심 만점 수학여행』, 손동식 엮음, 맑은창, 2010.

『세계를 삼킨 숫자 이야기』, I. B. 코언 지음, 김명남 옮김, 생각의 나무, 2007.

『세상은 수학이다』, 고지마 히로유키 지음, 허명구 옮김, 해나무, 2008.

『쇼핑의 과학』, 파코 언더힐 지음, 신현승 옮김, 세종서적, 2004.

『수의 장난감상자』, 다까노 가즈오 지음, 한명수 옮김, 전파과학사, 1988.

『수학동아』, 2010년 7월호, vol. 10.

『수학 먹는 달팽이』, 아르망 에르스코비치 지음, 문선영 옮김, 까치, 2010.

『수학 비타민』, 박경미 지음, 랜덤하우스, 2007.

『수학사 가볍게 읽기』, 샌더슨 스미스 지음, 황선욱 옮김, 한승, 2007.

『수학은 아름다워 1』, 육인선 외 지음, 동녘, 1994.

『수학은 아름다워 2』, 육인선 지음, 동녘, 1995.

『수학의 사생활』, 조지 G. 슈피로 지음, 전대호 옮김, 까치, 2008.

『수학의 약점』, 김용운 지음, 전파과학사, 1973.

『수학의 흐름』, 김용운 · 김용국 지음, 전파과학사, 1989.

『수학이 수군수군』, 샤르탄 포스키트 지음, 유광태 옮김, 김영사, 1999.

『수학자의 신문읽기』, 존 앨런 파울로스 지음, 김동광 · 과학세대 옮김, 경문사, 1996.
『쉽고 재미있는 수학세계』, 안재구 지음, 일월서각, 1990.
『아이디어 깨우기』, 김용운 · 김용국 지음, 김영사, 1995.
『왜 숫자를 두려워하는가』, 존 알렌 파울로스 지음, 성하운 옮김, 김영사, 1991.
『왜 월요일은 빨리 돌아오는 걸까?』, 롭 이스터웨이 · 제러미 윈덤 지음, 이충호 옮김, 한승, 2005.
『원리를 알면 수학이 쉽다』, 송은영 지음, 맑은창, 2002.
『이야기 파라독스』, 마틴 가드너 지음, 이충호 옮김, 사계절, 1990.
『이윤기의 그리스 로마 신화 1~2』, 이윤기 지음, 웅진지식하우스, 2010.
『이코노미스트』, 1997년 8월 17일.
『재미있는 수학상식』, 송은영 지음, 맑은창, 2007.
『재미있는 수학여행 1~4』, 김용운 · 김용국 지음, 김영사, 1993~1994.
『즐거운 수학 탐구』, 가와쿠보 가쓰오 지음, 여명출판사 편집부 옮김, 여명출판사, 1996.
『친절한 수학 교과서 3』, 나숙자 지음, 부키, 2007.
『카오스의 날갯짓』, 김용운 지음, 김영사, 1999.
『평행우주』, 미치오 카쿠 지음, 박병철 옮김, 김영사, 2010.
『프랙탈과 카오스의 세계』, 김용운 · 김용국 지음, 우성, 2000.
『하룻밤의 지식여행 3: 수학』, 자이오딘 사다 · 제리 라베츠 지음, 보린 밴 룬 그림, 이충호 옮김, 김영사, 2006.
『확률의 함정』, 데보라 J. 베넷 지음, 박병철 옮김, 영림카디널, 2000.
Fundamentals of Physics (Extended Third Edition), David Halliday and Robert Resnick, John Wiley & Sons, 1988.
Mathematical Handbook of Formulas and Tables (Schaum's Outline Series, Korean Student Edition), Murray R. Spiegel, McGraw-Hill, 1968 (연합출판진흥(주), 1986).

찾아보기

ㅊ

ㅋ

ㅌ